1

Kristall und Technik

Akademie-Verlag · Berlin

1. Heft · 6. Jahrgang · 1971

Hinweise für die Autoren

Die Zeitschrift „Kristall und Technik" nimmt folgende Veröffentlichungen auf: Originalarbeiten, Zusammenfassungen, kurze Mitteilungen, Buchbesprechungen, bevorzugt in englischer Sprache.

Alle zum satzreifen Manuskript gehörenden Unterlagen sind beizufügen.

Das Manuskript soll in Maschinenschrift im Format A 4 (21 × 29,7 cm) auf weißem, tintenfestem Papier, einseitig, mit zweizeiligem Abstand der Zeilen und einem linken freien Rand von 3 cm geschrieben sein. Die Manuskriptblätter sollen fortlaufend ab „1" numeriert werden.

Noch nicht für den Druck überarbeitete Vortragsmanuskripte werden in der Regel nicht angenommen.

Der Kopf des Manuskriptes soll folgende Zeilen enthalten: Abgekürzte Vornamen und den Familiennamen des Verfassers, genaue Bezeichnung der Arbeitsstelle des Verfassers, Überschrift der Arbeit.

Der Arbeit ist eine Zusammenfassung in der Original- und einer Fremdsprache (deutsch, englisch, französisch oder russisch) voranzustellen.

Formeln, Zeichen, Buchstaben usw., für die keine Schreibmaschinentypen vorhanden sind, müssen deutlich lesbar mit Tinte geschrieben sein.

Nomenklatur des Chemischen Zentralblattes benutzen.
O als Null ist mit der Schreibmaschine einfach zu unterstreichen, der Großbuchstabe O nicht.

Die Absätze sind deutlich im Manuskript zu kennzeichnen (durch Einrücken von mindestens 3 Anschlägen).

Für die Auszeichnung des Manuskriptes ist zu beachten:

Überschriften im Text und zum Beginn des Beitrages sind übersichtlich anzuordnen und nur durch eine einfache Unterstreichung kenntlich zu machen.

Tabellenüberschriften sind nicht besonders kenntlich zu machen, sie werden normal gesetzt.

Auszeichnungen innerhalb des Textes werden in der Regel von der Redaktion erledigt. Es bedeuten:

hellrot ∿∿∿∿∿∿∿∿∿ = Kapitälchen
blau ∿∿∿∿∿∿∿∿∿ = kursiv

hellrot | = Kleindruck senkrechter roter Strich am linken Manuskriptrand)

Tabellen sind gesondert als Manuskript zu schreiben und am Schluß des Beitrages einzuordnen.

Fußnoten sind auf gesondertem Blatt fortlaufend numeriert aufzuführen.

Abbildungen [„Fig." (= Figur)] sind als gut reproduzierbare Vorlagen dem Manuskript in gesondertem Umschlag beizulegen.

Fotos sind auf weißem Hochglanzpapier und im Mindestformat von 6 × 6 cm zu liefern. Bildausschnitte und eventuell noch vorzunehmende Beschriftungen sind auf einem auf dem Foto angebrachtem Deckblatt aus durchsichtigem Material zu vermerken. Die Größen aller Fotos und deren Verkleinerungsmaßstäbe sind nach Möglichkeit einheitlich zu halten.

Alles Nebensächliche bei Halbtonbildern bitte weglassen und von einer Vergrößerung der Vorlagen absehen.

Strichzeichnungen genügen als gut lesbare Skizzen.

Auf der Rückseite der Abbildungsvorlagen sind anzugeben: Nummer der Figur, Name des Autors bzw. der Autoren, abgekürzter Beitragstitel, gewünschte Größe der Figur im Druck in Zehntel-Angaben, z. B. 9/10, 8/10, 5/10 usw.

Bildunterschriften sind auf einem gesondertem Blatt aufzuführen.

Die Literatur soll ohne Bezifferung am Ende der Arbeit in alphabetischer Reihenfolge der Autorennamen aufgeführt werden. Im Text zitierte Autorennamen gelten als Literaturhinweis.

Die Literaturzitate sollen folgende Angaben enthalten:

bei Büchern z. B.: RAST, K.: Physikalisch-chemische Rechnungen, Berlin 1958
bei Zeitschriften z. B.: KRAUSE, H. N., MÜLLER, K.: Kristall u. Technik 1, 70 (1966).

Für jede veröffentlichte Arbeit werden 50 Sonderdrucke vom Verlag kostenlos abgegeben. Sind mehrere Autoren gemeinsam an einem Beitrag beteiligt, so erhalten sie insgesamt 50 Sonderdrucke kostenlos.

Die Bestellung weiterer Sonderdrucke gegen Berechnung, jedoch nur bis zu einer Anzahl von 200 Stück, muß mit der Einsendung des Manuskriptes der Hauptschriftleitung bekanntgegeben werden.

1

Kristall und Technik

Zeitschrift für experimentelle und technische Kristallographie

BAND 6 · HEFT 1
1971

Akademie-Verlag · Berlin

Herausgeber und verantwortlich für den Inhalt Professor Dr. HERMANN NEELS, 703 Leipzig, Scharnhorststraße 20, Fernruf: 32519, 31032 bzw. 7254 Machern, Zeititzer Weg 25, Fernruf: Brandis 452.
Verlag: Akademie-Verlag GmbH, 108 Berlin, Leipziger Straße 3–4,
Fernruf: 220441, Telex-Nr. 112020, Postscheckkonto: Berlin 35031.
Die Zeitschrift „Kristall und Technik" erscheint mit 6 Heften im Jahr. Bestellnummer: 1082/6/1.
Preis je Heft 20,– M
Gesamtherstellung: VEB Druckerei „Thomas Müntzer", 582 Bad Langensalza
Veröffentlicht unter der Lizenznummer 1526 des Presseamtes beim Vorsitzenden des Ministerrates der Deutschen Demokratischen Republik.

Inhalt

Kurze Originalmitteilungen

Will Kleber

Am 27. August 1970 starb nach längerem Leiden, doch für alle unerwartet Professor Dr. WILL KLEBER, unser Freund und Kollege. Sein plötzlicher Tod hinterläßt eine sehr fühlbare Lücke in den Reihen der Kristallographen unserer Republik, die wir nicht so bald werden schließen können. WILL KLEBER gehört zu den prägnantesten Persönlichkeiten unter den Wissenschaftlern und Hochschullehrern seiner Generation. Weit über die Grenzen unseres Landes hinaus wirkte seine umfangreiche, vielseitige Tätigkeit, in der er sich vor allem durch hohe didaktische Fähigkeiten als Naturwissenschaftler und Kristallograph sowie seine grundlegenden Arbeiten zu Fragen der Struktur und Morphologie, Struktur und Eigenschaften auszeichnete. Der Name WILL KLEBERS ist unlösbar verbunden vor allem mit den Ergebnissen der Erforschung der Zustände und Prozesse an der Kristalloberfläche, den epitaktischen Keimbildungs- und Wachstumsvorgängen, des Zusammenhangs zwischen der inneren und der Äußeren Symmetrie der Kristalle und dessen Aufklärung durch die Anlösung von Kristalloberflächen, verbunden mit Strukturuntersuchungen.

Von Anbeginn seiner Tätigkeit unter der bewährten Leitung von V. GOLDSCHMIDT in Heidelberg beschäftigt er sich mit kristallmorphologischen Fragen, wie seine 1931 angefertigte Dissertation über Lösungsversuche an Fluorit ausweist. Unter dem tiefgreifenden Einfluß dieses großen Lehrers und Wegbereiters der Kristallographie entwickelte sich sein Interesse für strukturmorphologische Probleme so nachhaltig, daß es ihn Zeit seines Lebens nicht mehr losließ.

Dieses Interesse wurde noch ganz besonders gefördert durch die Tatsache, daß zu Beginn der dreißiger Jahre die LAUE'sche Entdeckung schon größere Früchte getragen hatte und dadurch eine ganze Reihe von Kristallstrukturen bereits gelöst vorlag. Er konnte auf diese Weise den Vorschlägen von V. GOLDSCHMIDT nach den Ursachen der Vielfalt der Kristallbildungen sowohl von der Struktur, den Bindungsverhältnissen als auch vom Milieu her und auch GOLDSCHMIDTS Vorstellungen über die Bedeutung der Vorgänge in der Grenzschicht Kristall/Lösung nachgehen. Damit gewinnen für ihn die Adsorption, die orientierte Adsorption und Anlagerung, Fragen der Thermodynamik und Kinetik der Keimbildung und des Wachstums von Kristallen Bedeutung und treten mehr und mehr in den Vordergrund. Hier beschäftigt ihn vor allem auch die Feinmorphologie der Kristalloberfläche, die heute überaus aktuell ist und die er schon vor mehr als dreißig Jahren als Erscheinung begriff, die außerhalb einer klassisch strengen kristallographischen Gesetzmäßigkeit liegt.

Sein Hauptaugenmerk richtet er in den letzten 15 Jahren nicht zuletzt in dem genannten Zusammenhang in erster Linie auf die epitaktischen Prozesse, und so entstand unter seiner wohldurchdachten Leitung und den günstigen Bedingungen, die ihm die Regierung der DDR durch seine Berufung auf den Lehrstuhl für Kristallographie an der Humboldt-Universität zu Berlin bot, eine Schule der Kristallographie, die nicht zuletzt durch die Vielzahl grundlegender Arbeiten zur Epitaxie in aller Welt bekannt geworden ist.

Darüber hinaus begründete eine Reihe von Monographien, insbesondere seine „Einführung in die Kristallographie" seinen internationalen Ruf als Hochschullehrer und Pädagoge.

Die Deutsche Akademie der Wissenschaften zu Berlin berief ihn deshalb schon früh als ordentliches Mitglied, die Regierung der Deutschen Demokratischen Republik würdigte seine hohe wissenschaftliche Leistung mit dem Nationalpreis.

Durch sein erfolgreiches wissenschaftliches Forschen und Lehren hat er die große Tradition der Berliner Mineralogie und Kristallographie, die von Chr. Samuel Weiss, Gustav Rose, Chr. Friedrich Websky, Theodor Liebisch, Arrien Johnsen und Paul Ramdohr begründet und entwickelt wurde, würdig fortgesetzt und damit wesentlich zur Weiterentwicklung der Kristallographie beigetragen. Er erreichte das nicht nur, weil ihm die wissenschaftliche Arbeit Vergnügen bereitete, sondern weil diese Lust am Forschen und Lehren ihm gleichzeitig dazu verhalf, die Forderung der Gesellschaft an die Wissenschaft nach ihrem Beitrag zu einem friedlichen, sozialistischen Leben erfüllen zu können.

Sein hohes wissenschaftliches Bemühen und sein humanistisches Streben bewegen uns, seiner stets in großer Verehrung zu gedenken.

Im Namen der Redaktion

H. Neels

Kristall und Technik	6	1	1971	7–16

Originalbeiträge

U. Steinike

Deutsche Akademie der Wissenschaften zu Berlin
Zentralinstitut für Physikalische Chemie, Berlin-Adlershof

Zur Bildung von Adsorptionsmischkristallen[1])

Durch Untersuchungen an den Systemen KCl-H_2O-Fremdstoff und NH_4Cl-H_2O-Fremdstoff konnte die Vorstellung über die Bildung von Adsorptionsmischkristallen erweitert werden. Es wurden eine Reihe spezifischer Eigenschaften komplexer Mischsysteme festgestellt.

By investigating the systems KCl-H_2O-impurity and NH_4Cl-H_2O-impurity the knowledge of the formation of Adsorptionsmischkristallen could be extended. Some specific properties of complex mixed systems are stated.

1. Einleitung und Problemstellung

Anlaß zu diesen Arbeiten waren Untersuchungen über Kristallisationsvorgänge in wässrigen KCl-Lösungen. Sie hatten das Ziel, durch Vergrößerung des Gebietes der kritischen Übersättigung die Korngröße der Kristallite im Hinblick auf ihre technische Weiterverwendung zu beeinflussen (Neels). In einer voraufgegangenen Untersuchung waren die Grenzen der kritischen Übersättigung von KCl in Gegenwart verschiedener Lösungsgenossen festgestellt worden. Für die weitere Verwendung des KCl-Kristallisates ist die Frage der Aufnahme der Fremdstoffe durch das Gitter von entscheidender Bedeutung, dabei spielt die Art des Einbaus eine wesentliche Rolle.

Prinzipiell kann man folgende Möglichkeiten der Aufnahme von Fremdatomen in einem Kristall annehmen:

1. Bildung echter Mischkristalle
2. Bildung komplexer Mischsysteme (Adsorptionsmischkristalle, anomale Mischkristalle, partiellisomorphe Mischkristalle)
3. adsorptive Mitfällung, innere Adsorption

Die komplexen Mischsysteme haben in der Literatur die verschiedensten Namen erhalten. Von komplexen Mischsystemen spricht man immer dann, wenn keine echten Mischkristalle gebildet werden und der Bildungsmechanismus von den klassischen Vorstellungen der Mischkristallbildung abweicht.

Vielfach verwendet wurde auch die Bezeichnung „partiell-isomorphe Mischsysteme“ (Neuhaus 1930, 1941, 1943–1944) und „anomaler Mischkristall“.

Der Ausdruck „anomaler Mischkristall“ ist in der Kristallographie seit der Prägung dieses Begriffes durch Johnsen 1903 immer wieder Gegenstand zahlreicher Veröffentlichungen und Diskussionen gewesen. Die Definitionen des Begriffes sind nicht einheitlich. In neuerer Zeit wurden von Kleber (1959a, b,

[1]) Auszug aus Habilitationsschrift U. Steinike.

1963) der Begriff des Adsorptionsmischkristalls eingeführt und sowohl der Bildungsmechanismus hierfür als auch die thermodynamischen Grundlagen abgeleitet. Es wird ein erweiterter Stranski-Krastanov-Mechanismus angenommen. Die Bezeichnung Adsorptionsmischkristall bezieht sich auf die Vorstellung, daß eine flächenspezifische Adsorption eine wesentliche Voraussetzung für die Bildung solcher Kristalle ist und daß die Gastkomponente orientiert in dem Wirtkristall eingelagert wird. Durch diese eine Tatsache — den orientierten Einbau — unterscheiden sich die Absorptionsmischkristalle von den echten Mischkristallen, bei denen die Fremdsubstanz auf Gitterplätzen statistisch verteilt eingebaut ist. Die Unterscheidung zwischen „echt" und „anomal" ist nach neueren Untersuchungen nicht immer möglich.

Eng verknüpft mit der Bildung von Mischsystemen ist die Frage der gesetzmäßigen Verteilung der Fremdionen (bzw. Fremdionen-Komplexe) zwischen der festen Phase und der Lösung.

Unsere Untersuchungen wurden in der Hauptsache am System KCl-H_2O-Fremdstoff durchgeführt. Für einige vergleichende Betrachtungen wurde das System NH_4Cl-H_2O-Fremdstoff herangezogen. Als Fremdstoffe wurden Schwermetallsalze ausgewählt, da Schwermetall-Ionen selbst häufig als Verunreinigung bei der industriell durchgeführten KCl-Kristallisation auftreten können. Zum anderen passen die Schwermetallionen größenordnungsmäßig auf K^+-Gitterplätze, und deren Salze sind zum großen Teil kristallographisch und chemisch faßbar.

KCl bildet mit den Schwermetallsalzen echte Mischkristalle, wenn die Abweichung der Ionenradien K^{1+} zu Me^{2+} nicht mehr als 40% beträgt. Ist die Abweichung größer als 40%, kann kein Einbau ins Gitter mehr erfolgen, es bilden sich nur noch Adsorptionsmischkristalle. Die Kationengröße ist jedoch nicht allein ausschlaggebend für den Einbau ins Gitter. Es ist möglich, daß Me^{2+}-Ionen auf Grund ihrer Ionenradien ohne Schwierigkeiten ins Gitter eingebaut werden können, aber in Verbindung mit einem bestimmten Anion mit KCl bzw. NH_4Cl komplexe Mischkristalle bilden.

2. Darstellung und Diskussion der Ergebnisse

2.1 Das Verteilungsgesetz

Für die Verteilung der Schwermetallsalze zwischen wachsenden KCl- bzw. NH_4Cl-Kristallen und den gesättigten Lösungen wurde empirisch folgendes Verteilungsgesetz gefunden (Steinike 1966a, b):

$$C_k = A \cdot C_a^n$$

C_k = Fremdstoffkonzentration im Kristall (g/g Kristallisat)

C_a = Fremdstoffkonzentration in der Ausgangslösung (g/g KCl bzw. g/lH_2O)

A, n = Konstanten, die vom Typ des zugesetzten Schwermetallsalzes abhängen

Die Verteilung der Fremdzusätze in den von uns untersuchten Systemen läßt sich — mit Ausnahme des Systems KCl-$PbCl_2$-H_2O durch die angegebene Potenzfunktion ausdrücken.

Nach der Größe n des Exponenten der Verteilungsfunktion lassen sich die untersuchten Systeme Mikro-Makrokomponente in drei Gruppen einteilen.

Wir unterscheiden: $n = 1$, $n < 1$, $n > 1$. Bei $n = 11$ geht die gefundene Potenzfunktion über in die Form

$$C_k = A \cdot C_a$$

bzw.

$$A = \frac{C_k}{C_a}.$$

Nur in diesem Falle wird $A = VK$ (Verteilungskoeffizient) und entspricht damit dem allgemeingültigen Nernstschen Verteilungsgesetz. Dieses Gesetz gilt nur, wenn es sich um die Bildung echter Mischkristalle handelt. Bei $n = 1$ werden die Me^{2+}-Ionen der Mikrokomponente in das KCl-Gitter auf regulären Gitterplätzen eingebaut ($1\,Me^{2+} \rightarrow 2\,K^+$), unter gleichzeitiger Bildung einer Leerstelle.

2.2 Das Verteilungsgesetz bei der Bildung komplexer Mischsysteme

Die Figur 1 soll graphisch zeigen, wie die Verteilungskurven aussehen bei $n = 1$, $n < 1$, $n > 1$.

Zunächst soll nur der Fall $n > 1$ betrachtet werden. Schon aus der Figur 1 geht hervor, daß eine geringe Zunahme von C_a eine starke Vergrößerung von C_a bedingt. Es liegt eine anreichernde Tendenz vor.

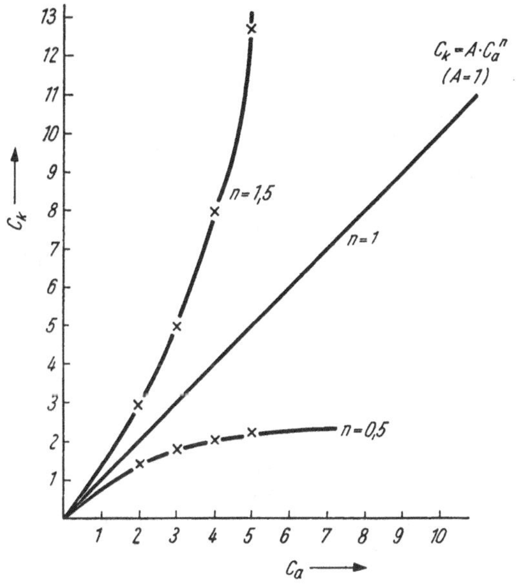

Fig. 1. Darstellung der Potenzfunktion in Abhängigkeit von der Größe „n“

Bei $n > 1$ nimmt der Verteilungskoeffizient mit steigendem C_a zu. Bei $n < 1$ wird die Zuwachsrate an adsorbiertem Material sehr klein im Vergleich zum steigenden Me^{2+}-Gehalt in der Lösung. Der Verteilungskoeffizient nimmt mit steigendem C_a ab.

Wenn $n < 1$, aber $n > 0$, geht der Verteilungskoeffizient gegen Null, das bedeutet, daß die Aufnahme an Fremdstoff begrenzt ist. Es sind bei hohen C_a-Werten große Änderungen von C_a notwendig, um C_k zu erhöhen, d. h. um

Fremdsubstanz aufzunehmen. C_k nähert sich einem Grenzwert, es tritt eine Sättigung auf, wie sie auch vom Mechanismus der Bildung von Adsorptionsmischkristallen zu erwarten ist.

Die Tendenz der Aufnahme von Fremdstoffen ist bei den Systemen $n < 1$ wesentlich geringer als bei Systemen $n > 1$, es ist eine verzögernde Aufnahmefreudigkeit zu vermerken. Ein prinzipieller Unterschied zwischen $n > 1$ und $n < 1$ besteht jedoch nicht.

An folgenden Systemen wurde die Bildung komplexer Mischsysteme beobachtet:

KCl-Ni-sulfat, Ni-nitrat, Co-nitrat, Co-chlorid, Cu-chlorid, Zn-chlorid, Mn-sulfat, Sn-chlorit, Zn-nitrat, Ni-chlorid, Cr-chlorid, Cu-sulfat, Fe-chlorid und NH_4Cl-Co-chlorid, Ni-chlorid, Mn-chlorid, Cu-chlorid.

2.3 Diskussion über die absolut aufgenommene Fremdstoffmenge bei der Bildung komplexer Mischsysteme

Von Interesse ist die Frage, wovon die absolut aufgenommene Fremdstoffmenge bei den einzelnen komplexen Mischsystemen abhängig ist.

Nach BAUER kann die Abscheidung der Fremdschicht ohne Aufwendung von Keimbildungsarbeit erfolgen, wenn $\psi^* > \psi + \psi_u$ ist. Die Abscheidung wird also um so leichter erfolgen, je größer ψ^* im Vergleich zu $\psi + \psi_u$ ist. (ψ^* = Abtrennarbeit eines Bausteins des Wirtkristalls vom arteigenen Kristall, ψ_u = Abtrennarbeit eines Gastbausteins von der artfremden Unterlage, ψ = Abtrennarbeit eines Gastbausteins vom arteigenen Kristall).

Aber nur die erste Fremdschicht scheidet sich ohne Keimbildung auf der Wirtkristall-Unterlage aus. Sollte sich nicht nur eine monomolekulare Schicht bilden, so ist für die Abscheidung weiterer Schichten eine Keimbildungsarbeit notwendig. Für die im Gitter aufgenommene Fremstoffmenge spielt offensichtlich die molare Bildungsenthalpie eine wesentliche Rolle. Es konnte festgestellt werden, daß die Aufnahme der Gastsubstanz vom KCl-Gitter desto stärker ist, je höher die Bildungsenthalpie der betreffenden Substanz ist.

Selbstverständlich ist auch die Strukturaffinität zwischen Wirtkristall und Gastsubstanz sowohl bei der Menge der vom Wirtgitter aufgenommenen Fremdsubstanz als auch bei der aufzubringenden Keimbildungsarbeit nicht zu vernachlässigen. Stimmen die metrischen Gitterparameter nur ungenügend überein, muß bei der Keimbildungsarbeit eine Deformationsenergie berücksichtigt werden. Eine ungenügende Übereinstimmung der Gitterparameter zwischen Wirt und Gast wird sich stets in einer Veränderung der Gitterkonstanten bemerkbar machen. Nur im idealen Falle wird die Gitterkonstante des Trägerkristalls nicht geändert, wie dies bei den Systemen

$KCl:K_2Ni(SO_4)_2 \cdot 6\,H_2O$, $KCl:CoCl_2 \cdot 6\,H_2O$ und $KCl:SnCl_2 \cdot 2\,H_2O$ beobachtet werden konnte.

In allen anderen Systemen findet eine Änderung der Gitterkonstante a_0 (KCl) statt.
Welche Komponente in den einzelnen Systemen als Träger und welche als Gast fungiert, entscheidet beim Stranski-Krastanov-Mechanismus die Beziehung

$$\psi^* > \psi$$

Träger ist immer der Stoff mit der höheren Abtrennarbeit bzw. der größeren Gitterenergie bzw. mit der geringeren Löslichkeit.

Da alle verwendeten Fremdsubstanzen eine höhere Löslichkeit haben, können sie bei KCl als Gastsubstanz auftreten.

Die jeweilige Gastsubstanz mit einer anderen Substanz kombiniert kann in Abhängigkeit von der Relation der Gitterenergien auch als Träger auftreten.

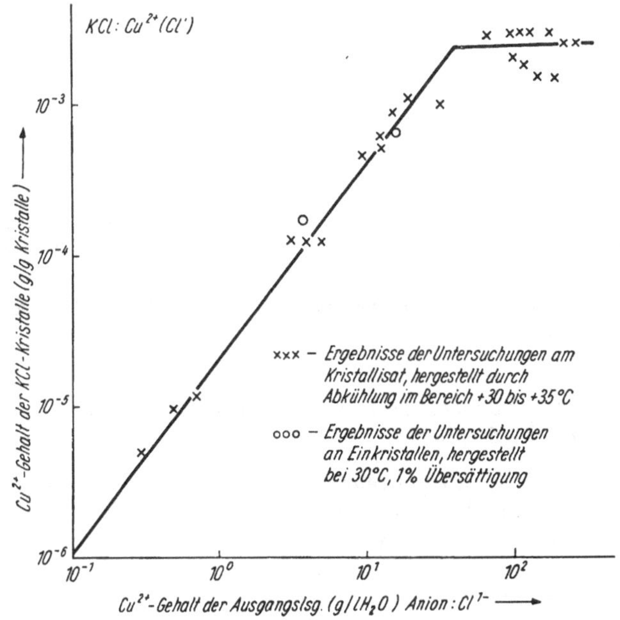

Fig. 2. Verteilung des Cu^{2+} zwischen KCl-H_2O-$CuCl_2 \cdot 2\,H_2O$-Lösung und den KCl: $Cu^{2+}(Cl^{1-})$-Kristallen

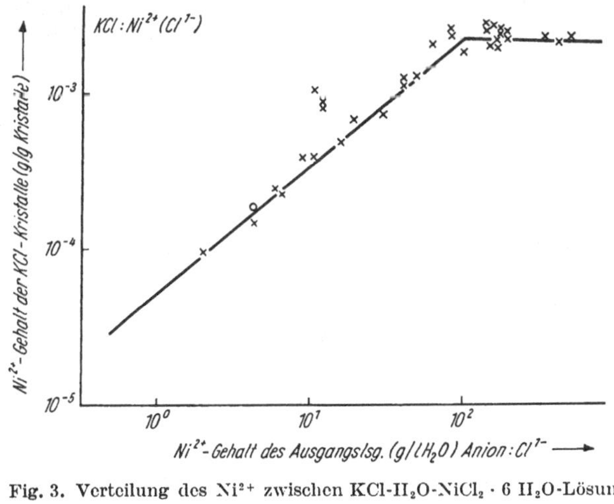

Fig. 3. Verteilung des Ni^{2+} zwischen KCl-H_2O-$NiCl_2 \cdot 6\,H_2O$-Lösung und denKCl:Ni^{2+} (Cl^{1-})-Kristallen

2.4 Begrenzte Fremdstoffaufnahme der komplexen Mischsysteme

Betrachtet man die Verteilungskurven (Fig. 2 u. 3), so fällt bei einigen Systemen die sogenannte Sättigungsgrenze auf, d. h. KCl nimmt von einem bestimmten C_a-Gehalt in der Ausgangslösung keine Fremdsubstanz mehr auf, der Kristall ist in Bezug auf die Gastkomponente gesättigt.

Durch die wechselnde Abscheidung von Trägerkristall- und Gastsubstanz-Schichten erklärt sich zwangsläufig der Sättigungseffekt. Dieser Sättigungseffekt wurde von uns an folgenden Systemen beobachtet:

System	Sättigung bei
$KCl - COCl_2 - H_2O$	$4{,}8 \times 10^{-3}$ g Co^{2+}/g Kristallisat
$KCl - Co(NO_3)_2 - H_2O$	$1{,}3 \times 10^{-3}$ g Co^{2+}/g Kristallisat
$KCl - CuCl_2 - H_2O$	$2{,}4 \times 10^{-3}$ g Cu^{2+}/g Kristallisat
$KCl - NiCl_2 - H_2O$	$2{,}2 \times 10^{-3}$ g Ni^{2+}/g Kristallisat
$KCl - ZnCl_2 - H_2O$	$1{,}3 \times 10^{-3}$ g Zn^{2+}/g Kristallisat

Beim Einbau von Eosin in Bleiacetat fanden Herrmann und Hartmann ebenfalls einen Sättigungseffekt.

2.5. Versuchsmethode zum Nachweis von Schichten in Adsorptionsmischkristallen

Besonders problematisch ist die Frage nach dem direkten Nachweis der Schichten. Es wurde versucht, die Schichten direkt durch Auflösungsversuche aktivierter $KCl:Me^{2+}$-Kristalle nachzuweisen.

Zu diesem Zweck wurden größere (mehrere mm^3) KCl-Kristalle aus einer Lösung, die $^{60}Co^{2+}$-Ionen enthielt, hergestellt. Diese Kristalle wurden dann sehr langsam in einer gesättigten Lösung aufgelöst. Während des Versuches wurde der Kristall gedreht. Zur Auflösung des Kristalls benutzten wir ein 5 ml fassendes Flüssigkeitsszintillations-Zählrohr. Während der Auflösung wurde die Änderung der Aktivität der Lösung kontinuierlich gemessen. Die Aktivität der Lösung nahm linear zu. Bei einem reinen Oberflächeneffekt müßte die Aktivität der KCl-Lösung nach kurzer Zeit nach Ablösung des Oberflächenbereiches konstant bleiben. Die verwendeten Kristalle hatten einen Co^{2+}-Gehalt von $2 \times 10^{-3}\%$. Mit höheren Co-Gehalten konnte aus Gründen des Strahlenschutzes nicht gearbeitet werden. Da nicht bekannt war, wie viele Adsorptionsschichten vorhanden sind, legten wir folgende Arbeitshypothese zugrunde:

Aus Arbeiten am System $KCl-K_4Fe(CN)_6$-H_2O (Steinike 1961, 1962) schlossen wir, daß bei einer Verschiebung von 0,13 mm in Richtung der Normalen 6 Adsorptionsschichten in dem gewachsenen Kristallbereich vorhanden sind. Die dort beobachteten Wachstumsstillstandzeiten wurden allerdings bei keinem zweiten System beobachtet.

Diese Vorstellung über die Schichtenfolge legten wir bei unseren Versuchen zu Grunde.

Wir wählten die Auflösungsbedingungen so, daß alle 30 Minuten eine Adsorptionsschicht abgelöst werden müßte. Die Adsorptionsschicht enthält 3×10^{-6} mg Co. Alle 30 Minuten müßte sich die Aktivität der Lösung sprunghaft erhöhen, wenn die aktive Co^{2+}-Schicht abgelöst wird. Diese geringe Erhöhung der Aktivität liegt an der Nachweisbarkeitsgrenze. Bei der angewandten Methode können $\sim 4 \times 10^{-6}$ mg $^{60}Co^{2+}$ nachgewiesen werden. Es konnten keine Schichten nachgewiesen werden.

Folgende Ursachen kommen dafür in Frage:

1. Es sind mehr Adsorptionsschichten vorhanden, als angenommen wurde, so daß eine Trennung nicht mehr möglich ist. Diese Schichten sind außerdem nicht immer vollständig, sondern bewirken nur eine teilweise Bedeckung des Trägerkristalls, so daß der Me^{2+}-Gehalt pro Schicht kleiner ist als angenommen.
2. Die Auflösung des Kristalls erfolgt ungleichmäßig. Es ist nicht garantiert, daß die Auflösung netzebenenweise erfolgt. Speziell an Kanten, Versetzungen und Störungen in der Oberfläche setzt eine intensivere Auflösung ein, so daß praktisch zu jedem Zeipunkt eine aktive Adsorptionsschicht angelöst wird.

   Unsere Annahme über die unvollständige Bedeckung konnte auch durch andere Messungen vertieft werden.

2.6. Modifizierte Vorstellungen über die Bildung von Adsorptionsmischkristallen unter realen Bedingungen

Von besonderer Bedeutung sind die Untersuchungen an den Systemen NH_4Cl — Fremdstoff — H_2O, So ist z. B. ein Einbau der Cu^{2+}-Ionen auf NH_4^+-Gitterplätzen unwahrscheinlich (Jancke). Es besteht die Möglichkeit, daß Cu^{2+}-Ionen mit NH_4Cl komplexe Mischsysteme bilden.

Röntgenographisch konnte nachgewiesen werden, daß die Cu^{2+}-Ionen den Gitterzustand verändern. Die gemessene Verbreiterung der Röntgenreflexe läßt sich auf einen Teilchengrößeneffekt zurückführen. Aus ESR-Messungen folgt für die Cu^{2+}-Ionen im NH_4Cl eine rhombische Anordnung.

In den NH_4Cl-Kristallen liegen $[CuCl_4(H_2O)_2]^{2-}$-Baugruppen vor. Derartige Baugruppen treten im $CuCl_2 \cdot 2\,H_2O$ und im $(NH_4)_2CuCl_4 \cdot 2\,H_2O$-Gitter auf, wegen der großen Gitterähnlichkeit ist nicht zu entscheiden, welchem Gittertyp die gefundenen Baugruppen angehören. Diese komplexen Anionen sind adsorbiert, vermutlich bevorzugt an Versetzungen. Aus dem gefundenen Cu^{2+}-Cu^{2+}-Abstand folgt, daß keine zusammenhängenden Adsorptionsschichten vorhanden sind. Andererseits konnte an $KCl:CuCl_2 \cdot 2\,H_2O$-Kristallen anhand von Kleinwinkelaufnahmen festgestellt werden, daß die Fremdstoff-Bereiche > 400 Å sein müssen, aber auch keine zusammenhängenden Schichten existieren. Beim System NH_4Cl Mn-Salz bilden sich $[MnCl_4(H_2O)_2]^{2-}$-Gruppen, die statistisch über den gesamten NH_4Cl-Kristall verteilt sind. Die komplexen Anionen werden in das Trägergitter eingebaut, was zu einer Erhöhung der Gitterkonstante, zur Erzeugung von Gitterverzerrungen und zur Abnahme der Primärteilchengröße führt.

Die Gitterverzerrungen betragen maximal 0,2% $\pm$ 100%, die Teilchengröße sinkt von 7000 Å (0% Mn) auf 400 Å (8,3% Mn).

Auf Grund dieser Untersuchungen kann die Vorstellung über die Bildung von Adsorptionsmischkristallen erweitert werden.

Der angenommene Stranski-Krastanov-Mechanismus stellt eine idealisierte Form der Bildung von Adsorptionsmischkristallen dar. Bei realen Kristallen sind auf den Netzebenen stets Wachstumsstellen, Stufen und Versetzungen vorhanden. Auf diesen reliefreichen Oberflächen kommt es zur Abscheidung des Fremdstoffs bzw. von komplexen Baugruppen, wobei sich eine Schicht bilden kann. Diese Schicht muß aber nicht vollständig ausgebildet sein. Es kann auch eine sogenannte löchrige Schicht sein, wie sie bereits diskutiert wurde (STEINIKE 1961). Wesentlich ist die strukturgeometrische und kristallchemische Wechselwirkung zwischen dem Trägerkristall und dem Fremdstoff. Die rhythmische Abscheidung der Zusätze ist wahrscheinlich, zumal es zur Abscheidung aus untersättigten Lösungen kommt. In der zusatzfreien Ausscheidungszeit reichert

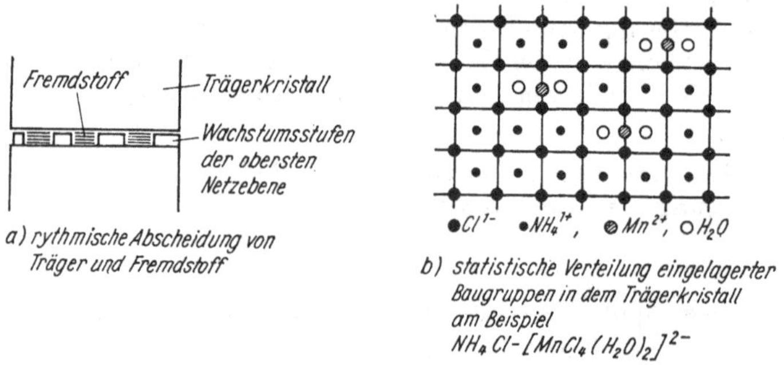

Fig. 4. Schematische Darstellung der Bildung komplexer Mischkristalle unter realen Bedingungen

sich der Fremdstoff in der den Kristall umgebenden Diffusionsschicht an und der Rhythmus beginnt von neuem. Bei einem solchen Prozeß kommt es zu Wachstumsbereichen mit angereichertem Me^{2+}-Gehalt, ohne daß geschlossene Fremdstoffschichten ausgebildet werden müssen. Neben der rhythmischen Abscheidung, die stets mit der Ausbildung von mehr oder weniger vollständigen Schichten verbunden ist und die orientiert zum Trägerkristallgitter sind, kann es zur Ausbildung komplexer Mischsysteme ohne jegliche Schichtenbildung kommen. Zwischen dem Trägerkristallgitter und den Ionen des Fremdstoffs bilden sich komplexe Baugruppen, die unter Bildung von Gitterverzerrungen in das Gitter eingebaut werden und statistisch über das gesamte Gitter verteilt sind. Nur bei diesem Typ eines komplexen Mischsystems treten Gitterverzerrungen auf. Dieser Typ unterscheidet sich von den echten Mischkristallen dadurch, daß nicht ein Ersatz Ion-Ion auf echten Gitterplätzen erfolgt und von der adsorptiven Mitfällung dadurch, daß eine strukturelle Beziehung Trägerkristall und Fremdion besteht.

Figur 4 bringt die schematische Darstellung der Bildung komplexer Mischkristalle unter realen Bedingungen.

2.7. Adsorptionsmischkristall oder komplexes Mischsystem?

Gerade der vorhergehende Abschnitt macht deutlich, daß die Bezeichnung Adsorptionsmischkristall nicht als Synonym für die Bezeichnung komplexes Mischsystem verwendet werden kann. Adsorptionsmischkristalle liegen nur in bestimmten Fällen vor. Kommt es aber zur Bildung von Mischsystemen ohne jegliche Schichtenbildung, werden dagegen komplexe Baugruppen eingebaut, so ist die Bezeichnung „Adsorptionsmischkristall“ für derartige Systeme unangebracht. Es sind in diesem Falle komplexe Mischsysteme, wobei die Bezeichnung „komplexes Mischsystem“ diese Systeme und die der Adsorptionsmischkristalle miteinschließt.

2.8. Übersicht der Eigenschaften komplexer Mischsysteme

Zusammenfassend ergeben sich folgende Eigenschaften der komplexen Mischsysteme:

1. Die Verteilung der Gastkomponente zwischen Lösung und Kristall läßt sich durch eine Potenzfunktion wiedergeben.
2. Begrenzte Aufnahme der Gastkomponente vom KCl-Gitter bis zu einem bestimmten Sättigungswert. Die Bildung der Schicht beginnt mit der Adsorption einzelner Fremdstoff-Komplexe. Es erfolgt dann eine weitere Bedeckung der Wirtkristall-Ebenen.
3. Vorhandensein einer Strukturaffinität zwischen Wirt- und Gastgitter. Im Idealfal tritt keine Änderung der Gitterkonstanten auf. Bei ungenügender Übereinstimmung der Gitterparameter findet eine Anpassung der Gitter statt, die sich in einer Vergrößerung bzw. Erniedrigung der Gitterkonstanten äußert.
4. Der Einbau der Gastkomponente hat keinen Einfluß auf die Halbwertsbreite und auf die Intensität der röntgenographischen Reflexe, wenn es sich um KCl:Me^{2+}-Salz handelt. In den Systemen NH_4Cl:Me^{2+}-Salz wird die Halbwertsbreite beeinflußt. Die Änderung der Halbwertsbreite ist auf eine Teilchenverkleinerung zurückzuführen. Eine Teilchenverkleinerung bedeutet eine Zunahme der Versetzungen in den Kristallen. Diese Versetzungen sind Stellen besonderer Adsorptionsfähigkeit.
5. Erniedrigung der Härte bei der Bildung komplexer Mischsysteme.
6. Die Dichte ändert sich stets im Sinne der Dichte der aufgenommenen Gastkomponente. Die Änderung erfolgt nicht additiv wie bei einem Gemisch. Die komplexen Mischsysteme haben eine eigene, spezifische Dichte.

Dem Direktor des Institutes, Herrn Professor Dr. W. Schirmer, danke ich herzlich, daß er mir die Möglichkeit zur Durchführung der Versuche gab. Dank gebührt weiterhin meinen Mitarbeitern Herrn Dr. J. Weis und Frau Dr. K. Jancke für zahlreiche Diskussionen, sowie allen technischen Mitarbeitern der Abteilung, insbesondere Frau Kienitz, Herrn H. Held und Frau U. Nissel.

Herr Dr. Wagner stellte freundlicherweise einen Arbeitsplatz im Radionuklidlabor des Zentralinstituts für Physikalische Chemie zu Verfügung.

Ganz besonders danke ich Frau. Dr. habil. I. Ebert, die ESR-Messungen durchführte und auch die Auswertung übernahm.

Literatur

Bauer, E.: Z. Kristallographie **110**, 382 (1958)
Hartmann, H.: Z. Chem. **4**, 216 (1964).
Jancke, K.: Dissertation, Humboldt-Universität Berlin (1970)
Johnsen, A.: Neues Jb. Mineralog. **2**, 93 (1903)

NEELS, H.: Freiberger Forschungshefte A **123**, 405 (1959)
KLEBER, W.: Z. physik. Chem. **212**, 222 (1959) a
KLEBER, W.: Freiberger Forschungshefte **37**, 11 (1959) b
KLEBER, W.: Bergakademie **1**, 19 (1963)
STEINIKE, U.: Dissertation, Humboldt-Universität Berlin (1961)
STEINIKE, U.: Kristall und Technik **1**, 113 (1966) a
STEINIKE, U.: Ber. Deutsch. Ges. geol. Wiss., B, Miner. Lagerst. **11**, 506 (1966)
STEINIKE, U.: Habilitationsschrift, Humboldt-Universität Berlin 1969
STEINIKE, U.: Z. anorg. allg. Chem. **317**, 186 (1962)

(Eingegangen am 15. Juni 1970)

Anschrift des Verfassers:

Dr. habil. URSULA STEINIKE
Zentralinstitut für Physikalische Chemie der DAdW zu Berlin
1199 Berlin-Adlershof
Rudower Chaussee 5

Kristall und Technik | 6 | 1 | 1971 | 17–31

U. Steinike

Zentralinstitut für Physikalische Chemie, Deutsche Akademie der Wissenschaften zu Berlin, Berlin-Adlershof

Untersuchung der gesetzmäßigen Verteilung kleinster Fremdsubstanzmengen zwischen wachsenden KCl-Kristallen und der Lösung (Bildung echter Mischkristalle)

Es wurde die Verteilung zweiwertiger Schwermetallionen zwischen wachsenden KCl-Kristallen und den gesättigten Lösungen untersucht. Die Schwermetallionen werden unter gleichzeitiger Bildung einer Kationenleerstelle auf K^+-Gitterplätze eingebaut. Der von den experimentellen Bedingungen abhängige Verteilungskoeffizient ist bei der Bildung echter Mischkristalle im allgemeinen konstant. Gefundene Abweichungen bei $KCl:Cd^{2+}$-Kristallen werden diskutiert. Die Größe des Verteilungskoeffizienten und damit die Tendenz zum Einbau nimmt mit steigender Abweichung der Ionenradien vom K^+-Radius ab. Für den Einbau ins Gitter ist nicht allein ausschlaggebend die Kationengröße. Die Art des Anions des zugesetzten Schwermetallsalzes ist von Bedeutung.

The distribution of the $metal^{2+}$-ions between KCl-solution and KCl-crystals has been investigated. The heavy metal ions are replacing K^+-sites, while an equivalent number of K^+-sites gets vacant. The tendency of replacing K -ions is a function of the radius of the $metal^{2+}$-ions.

1. Einleitung und Problemstellung

Jeder Kristall, natürlicher oder synthetischer Herkunft enthält in äußerst unterschiedlichen Mengen Fremdstoffe. Die Verteilung der Fremdstoffe ist von großem Interesse. Die Verteilung von Fremdsubstanzen (Mikrokomponente) zwischen einem wachsenden Kristall (Makrokomponente) und seiner gesättigten Lösung ist ein besonderer Fall der allgemeinen Erscheinung, daß sich ein Stoff zwischen zwei Phasen verteilt. Bei der Verteilung der Mikrokomponente zwischen Kristall und Lösung gibt es mehrere Möglichkeiten der Aufnahme von Fremdatomen in einem Kristall. 1. Bildung echter Mischkristalle. 2. Bildung komplexer Mischsysteme. 3. Die adsorptive Mitfällung. In dieser Mitteilung soll nur die Bildung echter Mischkristalle zwischen KCl und Schwermetallionen (Me^{2+}) behandelt werden. Dieser Vorgang läßt sich durch folgende Reaktionsgleichung veranschaulichen:

$$1\,Me^{2+}_{Lsg} + 2\,K^+_{Kristall} \rightarrow 1\,Me^{2+}_{Kristall} + 2\,K^+_{Lsg} + 1\,K^+ \qquad (1)$$

$\square$ = Kationenleerstelle

Unter echter Mischkristallbildung ist die isomorphe Vertretbarkeit zweier Bausteine in einem Gitter zu verstehen, ohne daß sich dieses Gitter ändert. Die

Fremdionen werden statistisch in das Wirtgitter, das Gitter der Makrokomponente, aufgenommen und sitzen auf regulären Gitterplätzen und können je nach der Größe eine mehr oder weniger große Verzerrung des Gitters bewirken. Je besser Wirt- und Gastatome geometrisch und energetisch übereinstimmen, desto größer ist die Wahrscheinlichkeit für eine vollkommene Mischkristallbildung. Für die Verteilung eines Stoffes zwischen zwei Phasen muß nach dem allgemein gültigen Verteilungsgesetz das Verhältnis der Fremdstoff-Konzentration in der festen Phase (C_k) zur Fremdstoff-Konzentration in der flüssigen Phase (C_a) eine Konstante $K = C_k/C_a$ sein. K wird der Verteilungskoeffizient genannt. Das nur bei isomorpher Vertretbarkeit geltende Verteilungsgesetz zwischen flüssiger und fester Phase wird als Chlopin-Nikitin-Gesetz bezeichnet. Bei der Bildung echter Mischkristalle ist das Verhältnis Ca/Ca konstant. Bilden sich keine echten Mischkristalle, ist der Verteilungskoeffizient nicht konstant. Das wird immer dann der Fall sein, wenn die Abhängigkeit C_k von C_a nicht linear, sondern z. B. logairthmisch ist. Es gibt allerdings auch Fälle von Mischkristallbildung, bei denen das Verhältnis ebenfalls nicht konstant ist. Der Verteilungskoeffizient kann sein $1 > K \geqq 1$, je nachdem ob es zu einer Anreicherung der Fremdionen im Kristallisat oder in der Lösung kommt.

2. Versuchsmethodik

In einem Rundkolben wurde eine bei 50 °C gesättigte KCl-Lösung hergestellt, die definierte Mengen der Schwermetallsalze (die Anionen wurden variiert) enthielt. Die Lösung wurde mit einer Geschwindigkeit von 0.8 °C/h auf 30 °C abgekühlt. Diese Abkühlungsgeschwindigkeit ist relativ langsam. Nach den meisten Arbeiten, die sich mit der Verteilung einer Fremdsubstanz zwischen Kristall und flüssiger Phase befassen, wird die Verteilung aus Wachstumsversuchen erhalten, bei denen die kristalline Phase aus ihrer übersättigten Lösung durch Abkühlung oder Verdunstung des Lösungsmittels erhalten wird. Bei diesen Versuchen sind die Wachstumsbedingungen nicht konstant und die Einstellung eines echten thermodynamischen Gleichgewichts ist in Frage gestellt.

Wenn das Kristallwachstum langsam genug ist und außerdem bei konstanten Wachstumstemperaturen und Übersättigungsverhältnissen gearbeitet wird, ist eine Gleichgewichtseinstellung zwischen dem wachsenden Kristall und der Lösung möglich. Der Einfluß der Abkühlungsgeschwindigkeit auf die Reproduzierbarkeit und der Größe der Verteilungskoeffizienten wurde untersucht (s. 3.1).

Bei allen Versuchen wurde während der Abkühlung die Lösung gleichmäßig gerührt, da die Rührgeschwindigkeit einen erheblichen Einfluß auf die Verteilung und die Menge des Einbaus der Mikrokomponente hat. Das entstandene Kristallisat wurde durch Waschen mit Alkohol von anhaftender Lösung befreit und anschließend getrocknet (Steinike 1966).

Die Ergebnisse der Verteilung der Me^{2+}-Ionen zwischen den KCl-Kristallen und den betreffenden Lösungen, erhalten aus den „Abkühlungsversuchen", wurden kontrolliert anhand von Wachstumsversuchen bei sehr konstanten Bedingungen.

Rundkolben mit bei 30 °C gesättigten Lösungen und definierten Fremdstoffzusätzen befanden sich in einem Luftthermostaten. In den Rundkolben hinein ragte ein Kristallhalter, der 4–6 (2–3 mm große) mit Picein angeklebte Impfkristalle enthielt. Durch langsame, kontinuierliche Temperatursenkung wurde eine konstante Übersättigung von 1% eingestellt. Die Temperatursenkung betrug im allgemeinen 1/10 °C pro Tag. Wachstumsdauer 4–6 Wochen. Die etwa 3–4 mm dicken angewachsenen Kristallbereiche wurden abgespalten und gesondert auf ihren Me^{2} -Gehalt untersucht.

Für die Untersuchungen des Kristallisates bzw. der Einkristalle wurden folgende Methoden angewandt: (Das anfallende Kristallisat ist frei von Lösungsmitteleinschlüssen. Die Kristalle sind gleichmäßig gewachsen und in entsprechenden Fällen homogen gefärbt.)

Die Methoden dienten der Bestimmung des Me^{2+}-Gehaltes, der Art des Einbaus und des Gitterzustandes.

1. Komplexometrische Bestimmung des Me^{2+}-Gehaltes der Co^{2+}-, Mn^{2+}-, Cd^{2+}-, Sb^{3+}- und Zn^{2+}-Ionen
2. Radiochemische Bestimmungen von $^{60}Co^{2+}$, $^{65}Zn^{2+}$ und $^{124}Sb^{3+}$.
3. Elektronenstrahl-Mikroanalyse (JXA-3 A im II. Institut für Experimentalphysik der TU Dresden). Die Proben wurden bei feststehendem Elektronenstrahl vorwärtsbewegt und die Fremdstoffkonzentration registriert. Die Eindringtiefe des Elektronenstrahls betrug 4 μm.
   Nachweisgrenzen: 0.02 Gew.-% für Co, 0.25 Gew.% für Cd.
4. ESR-Messungen: Kristall-Spektrometergerät der Akademiewerkstätten für Forschungsbedarf
5. Röntgenographische Messungen
   Die Gitterkonstanten-Bestimmungen wurden an einer Nonius-Guinier-Kammer und an einer temperierbaren Debey-Scherrer-Spezial-Kammer durchgeführt. CuK_α-Strahlung. Verwendung von NaCl als Standard. Genauigkeit: 2×10^{-4} Å, bei stark gestörten Kristallen 1×10^{-3} Å. Die Halbwertsbreitenmessungen stammen von Zählrohr-Aufnahmen. (Horizontal-Zährohrgoniometer mit Interferenzzählrohr, CuK_α-Strahlung, Ni-Filter).
6. Messung der spezifischen Dichte. Die Dichte wurde pyknometrisch mit Petroleum als Flüssigkeit mit einer Genauigkeit von $\pm$ 1%, die röntgenographische Dichte mit einer Genauigkeit von $\pm$0.1% bestimmt.
7. Bestimmung der Mikrohärte nach der Methode von Hanemann an einem Zeiss'schen Mikrohärteprüfer.
   Fehler: $\pm$0,01 kp/mm^2
8. Bestimmung der Leitfähigkeit bei 450 °C mit einer Wheatstone-Brücke. Zur besseren Kontaktherstellung wurden zwei (100)-Flächen des KCl-Kristalls mit Pt bedampft und fest an als Elektroden dienende Pt-Bleche gedrückt.
9. UV-Absorptionsmessungen an einem CF4-Gerät. Für diese Messungen wurde das Kristallisat bei 50 °C getrocknet, in einem Kugelvibrator nach Ardenne zerkleinert und in einer IR-Presse 1 h bei 130 kg cm^{-2} zu Scheiben (20 mm ∅), gepreßt.

3. Darstellung und Diskussion der Ergebnisse

Es wird nur über die Systeme berichtet, die mit KCl echte Mischkristalle bilden (KCl:Co^{2+}, Anion SO_4^{2-}; KCl:Zn^{2+}, Anion SO_4^{2-}; KCl:Mn^{2+}, Anion Cl^{1-}, NO_3^{1-}; KCl:Cd^{2+}, Anion Cl^{1-}, NO_3^{1-}, SO_4^{2-}; KCl:Sb^{3+}, Aniou Cl^{1-}, SO_4^{2-}).

Für die Verteilung von Schwermetallionen zwischen wachsenden KCl bzw. NH_4Cl-Kristallen und den gesättigten Lösungen wurde empirisch folgendes allgemeines Verteilungsgesetz gefunden: (Steinike, 1966)

$$C_k = \mathrm{A} \cdot C_a^n$$

C_k = Fremdstoffkonzentration im Kristall (g/g KCl-Kristallisat),
C_a = Fremdstoffkonzentration in der Ausgangslösung (g/g KCl]
A = Konstante, die vom Typ des zugestzten Schwermetallsalzes abhängt
n = Konstante, die Größe hängt von der Art des Einbaus ab.

Bei $n = 1$ geht die gefundene Potenzfunktion in die Form

$$C_k = A \cdot C_a \tag{3}$$

$$A = C_k / C_a \tag{4}$$

über.

In diesem speziellen Fall ist $A = K$ (Verteilungskoeffizient) und das Verteilungsgesetz entspricht dem CHLOPIN-NIKITIN-Gesetz. Der Verteilungskoeffizient ist im allgemeinen in jedem Mischkristallsystem konstant und eine systemspezifische Konstante. Die Figuren 1—5 zeigen die Verteilung der Me^{2+}-Ionen zwischen KCl-Kristall und KCl-Lösung.

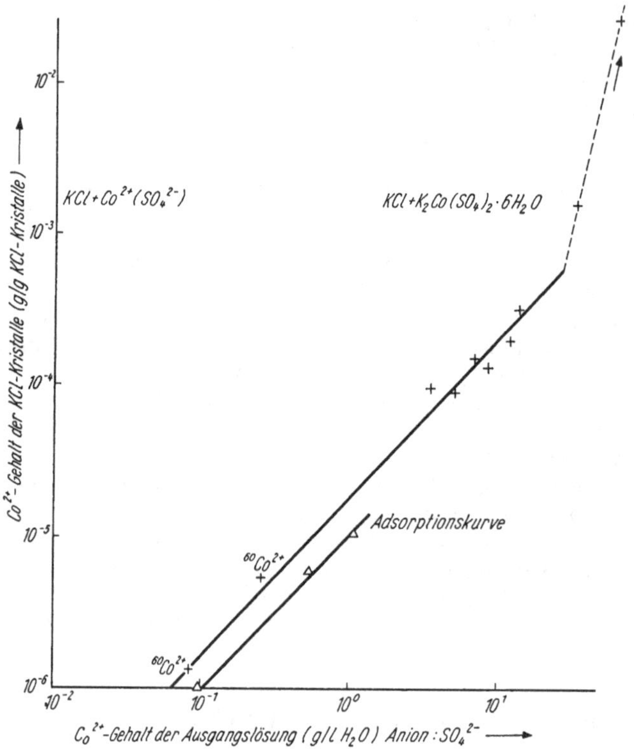

Fig. 1. Die Abhängigkeit des Co^{2+}-Gehaltes in den KCl-Kristallen vom Co^{2+}-Gehalt der Ausgangslösung

3.1. Die Abhängigkeit der Größe des Verteilungskoeffizienten von experimentellen Bedingungen

In der Literatur (BOOTH, SCHOCK) gibt es Hinweise für die Abhängigkeit des Verteilungskoeffizienten von der Abkühlungsgeschwindigkeit. Zu diesem Zweck wurde eine Lösung A in der angegebenen Weise abgekühlt (0.8 °C/h von 50 °C auf 30 °C). Lösung B wurde genauso abgekühlt, aber nach der Abkühlung blieb das Kristallisat 24 h mit der Lösung in Kontakt. Lösung C dagegen wurde innerhalb von 2 h von 50 °C auf 30 °C abgekühlt. Die C_k-Werte der

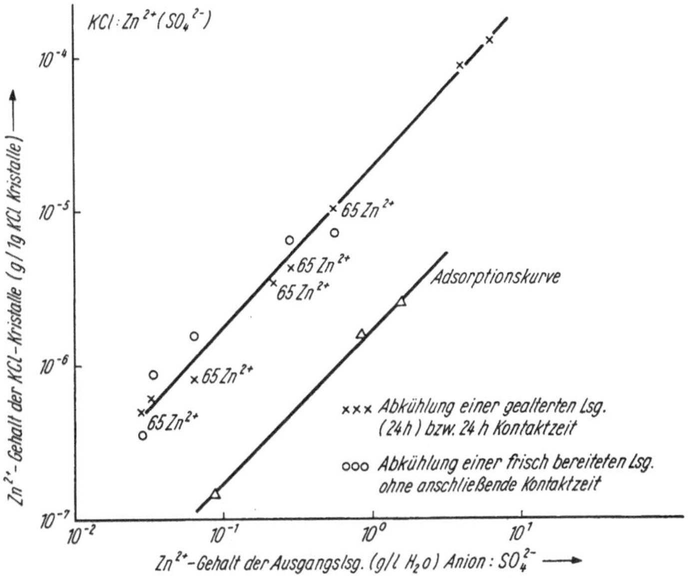

Fig. 2. Die Abhängigkeit des Zn^{2+}-Gehaltes in den KCl-Kristallen vom Zn^{2+}-Gehalt der Ausgangslösung

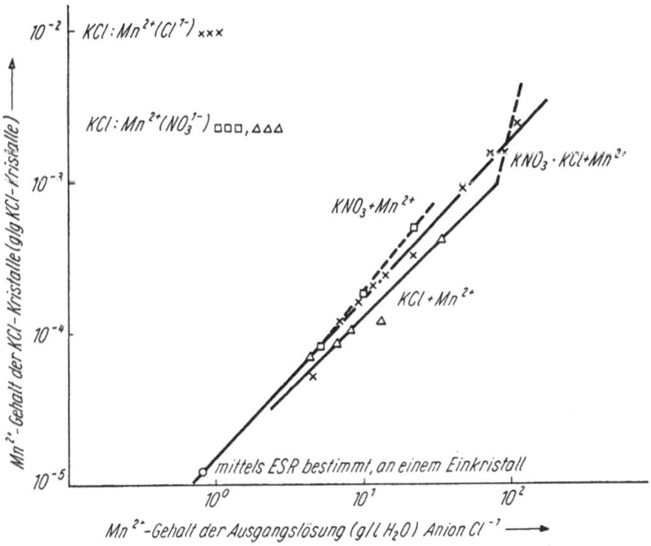

Fig. 3. Die Abhängigkeit des Mn^{2+}-Gehaltes in den KCl-Kristallen vom Mn^{2+}-Gehalt der Ausgangslösung

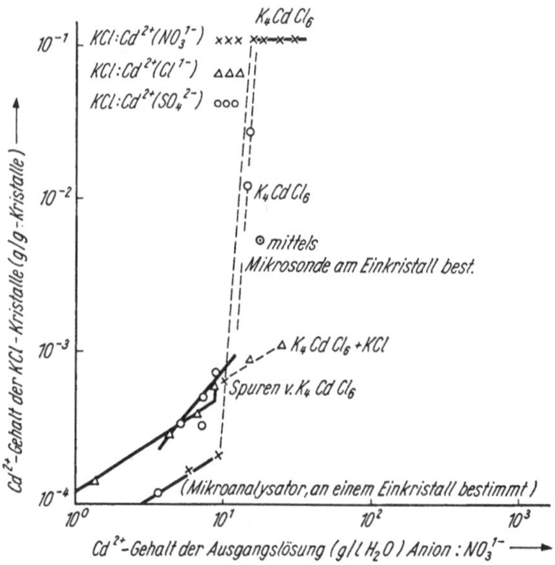

Fig. 4. Die Abhängigkeit des Cd^{2+}-Gehaltes in den KCl-Kristallen vom Cd^{2+}-Gehalt der Ausgangslösung

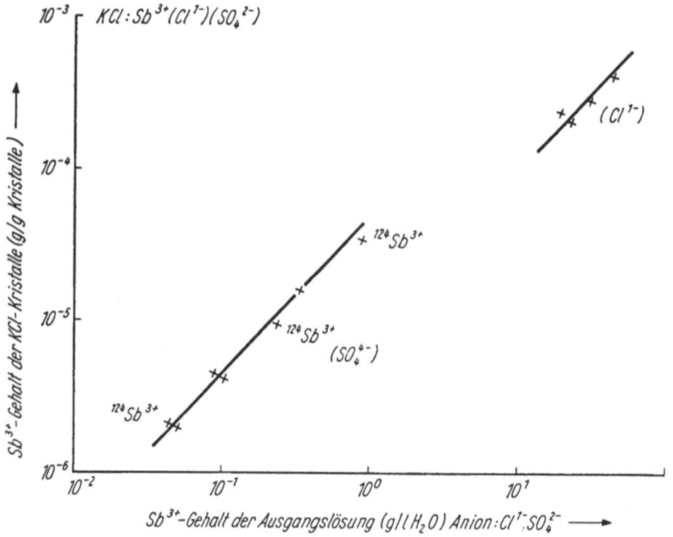

Fig. 5. Die Abhängigkeit des Sb^{3+}-Gehaltes in den KCl-Kristallen vom Sb^{3+}-Gehalt der Ausgangslösung

Reihen *A* und *B* sind im Fehlerbereich identisch (Fig. 6). Daraus kann gefolgert werden, daß die Abkühlungsgeschwindigkeit langsam genug ist, um Gleichgewichtsbedingungen zu erhalten und die benutzte Versuchsmethodik sinnvolle Werte liefert. Gleichzeitig kann aber auch festgestellt werden, daß die C_k-Werte der Reihe *B* eine geringfügige Tendenz zu kleineren Werten haben.

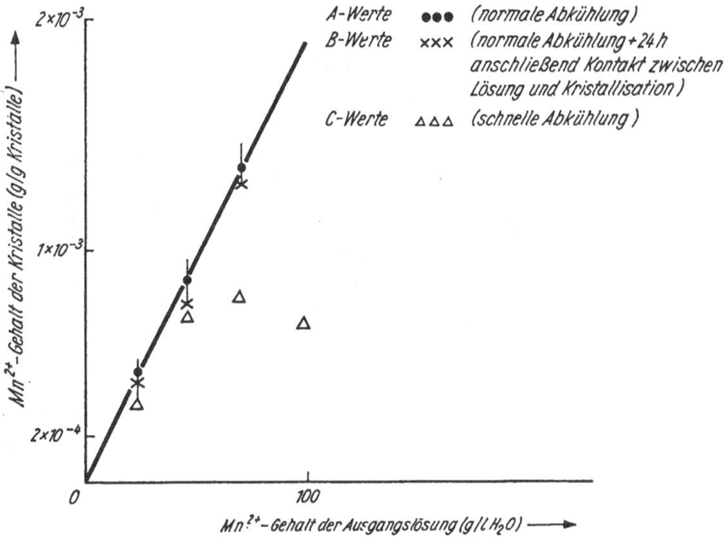

Fig. 6. Die Abhängigkeit des Mn^{2+}-Gehaltes in den KCl-Kristallen vom Mn^{2+}-Gehalt der Ausgangslösung bei unterschiedlichen Versuchsbedingungen

Diese Unterschiede liegen aber noch im Fehlerbereich. Es ist aber ohne weiteres möglich, daß durch den längeren Kontakt zwischen Lösung und Kristallisat ein Ionenaustausch zwischen beiden stattfindet und das „endgültige“ Gleichgewicht sich einstellt. Eine längere Kontaktzeit (48 h) zwischen Lösung und Kristallisat verändert die C_k-Werte nicht weiter. Da die Unterschiede zwischen A und B noch im Fehlerbereich liegen, entsprechen die C_k-Werte der Reihe A dem Gleichgewichtszustand.

Die Versuche der Reihe C sind nicht reproduzierbar. Die C_k-Werte und damit der Verteilungskoeffizient sind aber bemerkenswerter Weise kleiner als die der Versuchsreihe A und B, entgegen der Feststellung von SCHOCK.

BOOTH dagegen stellte ebenfalls fest, daß der Verteilungskoeffizient bei rascher Kristallisation in stark gerührten Lösungen kleiner ist als bei langsamer Kristallisation in unberührten Lösungen.

Der kleinere Verteilungskoeffizient der Reihe C kann nur so gedeutet werden, daß selbst bei der von uns angewandten Abkühlungsgeschwindigkeit der Reihe C der Lösungsmitteleinschluß unbedeutend ist, das Kristallisat aber infolge der hohen Abkühlungsgeschwindigkeit nicht genügend Zeit zum Einbauen der Fremdionen hat und demzufolge weniger einbaut als bei den Versuchsreihen A und B. Im Falle der Reihe C liegt kein Gleichgewicht mehr vor.

3.2. Die Abhängigkeit der Größe des Verteilungskoeffizienten von der Art der eingebeuten Ionen

Die Größe des Verteilungskoeffizienten und damit die Tendenz zum Einbau nimmt mit steigender Abweichung der Ionenradien vom K^+-Radius ab. Die Tabelle 1 und Figur 7 veranschaulichen diese Abhängigkeit.

Einen ähnlichen Zusammenhang zwischen K und Ionenradiengröße fand REICHERT beim Einbau einwertiger Kationen in das KCl-Gitter. Ein Einbau

Tabelle 1

Zusammenhang zwischen dem Verteilungskoeffizienten K und der Ionenradien-Abweichung (Einbau von Me^{2+}-Ionen ins KCl-Gitter)

Me^{2+}	Radius des Fremdions [Å] (n. GOLDSCHMIDT)	Abweichung $\|\Delta r\|$ (%)	K
Co^{2+} (Sulfat)	0,82	38	$7,3 \times 10^{-3}$
Zn^{2+} (Sulfat)	0,83	37	$7,4 \times 10^{-4}$
Sb^{3+} (Chlorid)	0,90	32	$5,0 \times 10^{-3}$
Mn^{2+} (Nitrat)	0,91	32	$5,2 \times 10^{-3}$
Mn^{2+} (Chlorid)	0,91	32	8.1×10^{-3}
Sb^{3+} (Sulfat)	0,90	32	$1,9 \times 10^{-2}$
Cd^{2+} (Sulfat)	1,03	23	$2,8 \times 10^{-2}$
Cd^{2+} (Chlorid)	1,03	23	nicht konstant
Cd^{2+} (Nitrat)	1,03	23	nicht konstant

($|\Delta r|$ = Abweichung des Me^{2+}-Ionenradius vom K^+-Radius)

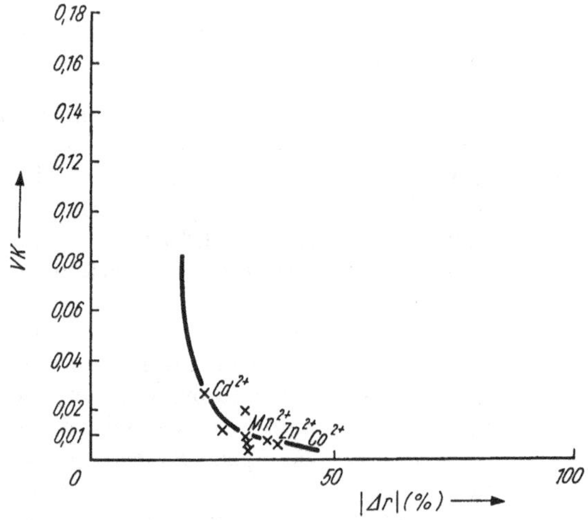

Fig. 7. Die Abhängigkeit des Verteilungskoeffizienten von der Abweichung der Ionenradien beim Einbau der Me^{2+}-Ionen in KCl

ins Gitter erfolgt nur, wenn die Abweichung $|\Delta r|$ nicht mehr als 40% beträgt. So werden z. B. die Ionen Ni^{2+}, Cu^{2+} und Cr^{3+} und Sn^{2+} nicht ins Gitter eingebaut. Die Kationengröße ist jedoch nicht allein ausschlaggebend für den Einbau ins Gitter. Cd^{2+}-Ionen weichen nur um 23% von der Größe der K^+-Ionen ab. Cd^{2+}-Ionen werden in Gegenwart eines jeden Anions auf Gitterplätze eingebaut. Wenn die Abweichung größer als 23% wird, gibt es zwei Möglichkeiten des Einbaus. Entweder werden die Fremdkationen auf K^+-Gitterplätze eingebaut oder es bilden sich Adsorptionsmischkristalle. Welche Art des Einbaus realisiert wird, entscheidet der Energieaufwand. Zn^{2+}, Mn^{2+} und Co^{2+}-Ionen geben ein Beispiel dafür. Bei gleichzeitigem Vorhandensein von Mn^{2+} und SO_4^{2-} bildet sich ein komplexes Mischsystem, da günstige strukturgeometrische und kristallchemische Beziehungen vorliegen. In Gegenwart der Anionen Cl^{1-} und NO_3^{1-} bildet Mn^{2+} mit KCl echte Mischkristalle.

Auffallend ist bei den angegebenen Systemen der relativ kleine stets unter 1 liegende Verteilungskoeffizient. Es ist anzunehmen, daß der Energieaufwand, der notwendig ist, um ein Fremdion entgegen der Verzerrung und Polarisation des Gitters durch das Fremdion in das Gittereinzubauen, von der Abweichung der Ionenradien abhängt. Dieser Energieaufwand wird um so größer sein, je stärker die Abweichung der Ionenradien voneinander ist, zumal der von GOLDSCHMIDT angegebene Toleranzbereich von 15% für den isomorphen Einbau weit überschritten ist. Aus diesem Grund werden nur geringe Mengen Fremdionen in das KCl-Gitter eingebaut.

Die Figur 8 bringt den Zusammenhang zwischen der eingebauten Fremdstoff-Menge (angegeben in A, Konstante der Verteilungsfunktion, die der bei 1 g Me^{2+}/1 l H_2O der Ausgangslösung eingebauten Me^{2+}-Ionen-Menge entspricht). Je geringer die Abweichung der Kationenradien voneinander ist, desto größere Mengen an Me^{2+}-Ionen werden eingebaut.

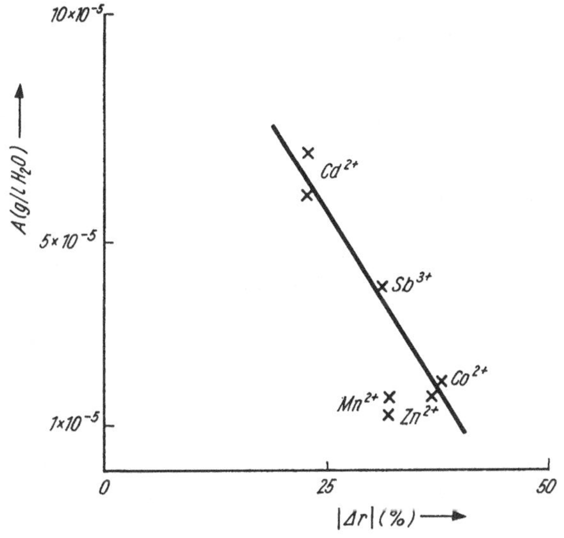

Fig. 8. Die Abhängigkeit der Konstante A von der Abweichung der Ionenradien beim Einbau der Me^{2+}-Ionen in KCl

3. 3. Der Einfluß des Gittertyps auf den Einbau von Mn^{2+}-Ionen

Mn^{2+}-Ionen geben außerdem noch ein Beispiel für die Notwendigkeit der Anpassung der eingebauten Me^{2+}-Ionen an das Kristallgitter.

Bei Anwesenheit von NO_3^{1-}-Ionen im System KCl-Mn^{2+}-H_2O scheidet sich bei einem bestimmten NO_3^{1-}-Gehalt der Ausgangslösung entsprechend den Löslichkeitsverhältnissen KNO_3 aus. Mn^{2+} wird vom KNO_3-Gitter intensiver aufgenommen als vom KCl-Gitter (Fig. 3). KNO_3 kristallisiert im betreffenden Temperaturbereich im Calcitgitter. Da Mn^{2+}-Ionen hinsichtlich der Ionenradienquotienten besser ins KNO_3-Gitter passen als ins KCl-Gitter, ist die Bevorzugung verständlich.

Die größere Bereitschaft des KNO_3-Gitters, Mn^{2+}-Ionen einzubauen, erklärt auch die Ligandenfeldtheorie. Mn^{2+}-Ionen gehören dem d^5-Typ an. Sie befinden sich im KCl- und im KNO_3-Gitter auf regulären K^+-Gitterplätzen, die in beiden Fällen oktaedrisch koordiniert sind. Beim Mn^{2+} (d^5) gibt es zwei Möglichkeiten, die Bahnfunktion so zu besetzen, daß die niedrigste Energie resultiert. Entweder besetzen die 5 Elektronen die drei t2g-Zustände ($t2g^5$) oder die Elektronen sind auf die 5 d-Bahnfunktionen verteilt ($t^32g\ e^2g$). Die eg-Funktionen liegen energetisch höher bzw. sind instabiler als beim Fehlen der in oktaedrischer Umgebung auftretenden Aufspaltung. Der $t^32g\ e^2g$-Zustand ist in einem schwachen oktaedrischen Feld verwirklicht. Je stärker das Kristallfeld wird, desto wahrscheinlicher ist es, daß sich die Elektronen eines Ions vom d^5-Typ in den stabileren t2g-Bahnfunktionen zusammendrängen. Die Stärke des Feldes hängt stark von der Natur der Liganden ab. Im Falle des KCl-Gitters liegen die Mn^{2+}-Ionen im schwächeren Feld der Cl^--Liganden, während beim KNO_3-Gitter ein stärkeres Feld vorhanden ist. Das KNO_3-Gitter bietet dem Mn^{2+}-Ion die stabileren t2g-Bahnfunktionen. Da die stabileren und energieärmeren Funktionen vorgezogen werden, wird das Mn^{2+}-Ion bevorzugt ins KNO_3-Gitter eingebaut.

3.4 Bildung echter Mischkristalle bei nicht konstantem Verteilungskoeffizienten

Der Verteilungskoeffizient sollte konstant sein, das bedeutet, daß der Exponent der gefundenen Potenzverteilungsfunktion $n = 1$ ist. Es besteht aber auch die Möglichkeit, daß $n < 1$ ist bei der Bildung echter Mischkristalle. Das Verhältnis C_k/C_a ist dann nicht mehr konstant und der Verteilungskoeffizient nimmt mit steigendem C_a ab. Eine Abnahme des Verteilungskoeffizienten mit zunehmendem Fremdstoffgehalt wurde in den Systemen $KCl\text{-}CdCl_2\text{-}H_2O$ und $KCl\text{-}Cd(NO_3)_2\text{-}H_2O$ beobachtet. Diese Abnahme kann nach WAGNER durch Anwendung des Massenwirkungsgesetzes auf die Gleichung (1), die den Übergang von $Me^{2+}\ Cl_2$ aus der flüssigen in die kristalline Phase beschreibt, erklärt werden.

$$N_{Me^{2+}(Kristall)} \cdot N_{\square\,(K^+)}/N_{Me^{2+}(Lsg)} = K_1 \tag{5}$$

N = Konzentration in Mol.

Wenn die Me^{2+}-Konzentration größer ist als die Kationenleerstellen-Konzentration im reinen KCl, ist die Leerstellen-Konzentratiom im dotierten Kristall gleich der Me^{2+}-Ionen-Konzentration, d. h. $N_{\square\,(K^+)(Kristall)} = N_{Me^{2+}(Kristall)}$

Damit geht Gleichung (5) in folgende Form über:

$$N_{Me^{2+}(Kristall)} \cdot N_{Me^{2+}(Kristall)}/N_{Me^{+2}(Lsg)} = K_1 \tag{6}$$

für $N_{Me^{2+}Kristall} \gg N_{\square\,(K^+)\text{im undotierten Kristall}}$

das bedeutet aber

$$\frac{C_{k^2}}{C_a} = K_1 \text{ bzw. } A \tag{7}$$

$$C_k = A \cdot C_a^{0.5} \tag{8}$$

$$n = 0.5$$

Orientierende Ätzversuche haben ergeben, daß bei allen $KCl:Cd^{2+}$-Kristallen die Versetzungsdichte kleiner ist als bei den übrigen $KCl:Me^{2+}$ bzw. $KCl:Me^{3+}$-

Kristallen und etwa in der Größenordnung von reinem KCl (aus der Schmelze) liegt.

Nach STRAUMANIS liegt in reinem KCl die Leerstellen-Konzentration bei Zimmertemperatur zwischen 10^{17} und $10^{19}/cm^3 \cdot 10^{18}/cm^3$ entsprechen 6.25×10^{-3} Mol% · KCl:Cd^{2+}-(Cl^{1-})-Kristalle enthalten maximal 3×10^{-2} Mol% und minimal 8×10^{-3} Mol% Cd, Die Bedingung $N_{Me^{2+}(Kristall)} > N_{\square(K^+)(undotierter Kristall)}$ ist erfüllt ($8 \times 10^{-3} > 6.25 \times 10^{-3}$).

Bei KCl:Cd^{2+} (Cl^{1-}) ist n nicht exakt 0,5, sondern 0,7, da außer der Tatsache, daß $N_{Cd^{2+}(Kristall)} \gg N_{\square\,(K^+)(undotierter\ Kristall)}$ ein bevorzugter Einbau der Cd^{2+}-Ionen in den (111)-Ebenen erfolgt.

Eine genaue Untersuchung der Abhängigkeit der röntgenographischen Halbwertsbreiten vom Cd^{2+}-Gehalt der Kristalle ergab, daß bei einem KCl-Reflex eine Verbreiterung der Linien auftritt gegenüber dem gleichen KCl-Reflex, gemessen an einem undotierten Kristall. Alle anderen echten Mischkristalle zeigen keine Änderung der Halbwertsbreiten in Abhängigkeit vom Me^{2+}-Gehalt.

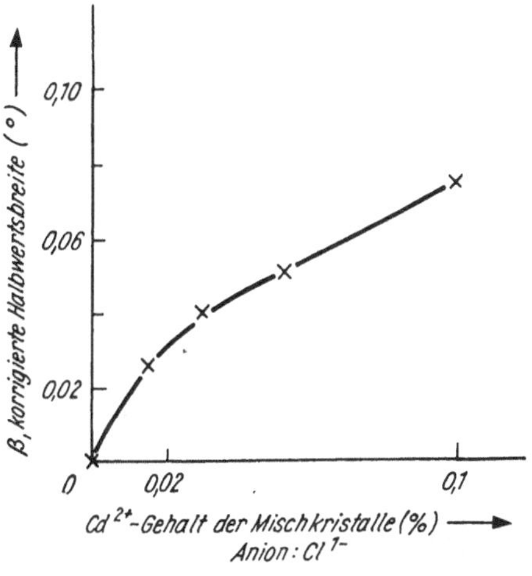

Fig. 9. Die Abhängigkeit der korrigierten Halbwertsbreite des (222)-KCl-Reflexes vom Cd^{2+}-Gehalt der Kristalle

Bei den KCl:Cd^{2+} (Cl^{1-})-Kristallen wird gerade der (222)-Reflex verbreitert. Die korrigierte Halbwertsbreite nimmt mit steigendem Cd^{2+}-Gehalt zu (Fig. 9). Das bedeutet, daß der Einbau des Cd^{2+} auf K^+-Gitterplätzen zu Störungen parallel den (111)-Ebenen führt. Es ist anzunehmen, daß in die (111)-Ebenen bevorzugt Cd^{2+}-Ionen eingebaut werden und keine statistische Verteilung der Fremdionen auf den K^+-Gitterplätzen stattfindet. Auch die Integral-Intensität des (222)-Reflexes nimmt mit steigendem Cd^{2+}-Gehalt in den Kristallen ab. Diese Verminderung der Integral-Intensitäten bedeutet ein Abweichen von der ursprünglichen Periodizität des Gitters.

Aus Einkristall-Adsorptionsmessungen ist auch zu entnehmen, daß die (111)-Flächen bevorzugt Cd^{2+}-Ionen adsorbieren.

Diese nichtstatistische Verteilung der Fremdionen bedingt die Abweichung des Systems KCl-$CdCl_2$-H_2O vom gefundenen Verteilungsgesetz.

Beim System KCl-$Cd(NO_3)_2$-H_2O ist $n = 0.5$, wie es gefordert wird, wenn $N_{Me^{2+}(Kristall)} \gg N_{\square\,(K^+)(undotierter\ Kristall)}$ ist ($2.2. \times 10^{-1}$ Mol% Cd $\gg 6,25 > 10^{-3}$ Mol%).

3.5 Eigenschaften von KCl:Me^{2+}-Mischkristallen

Es kann festgestellt werden, daß die Gitterkonstante des KCl durch den Einbau der Schwermetallionen nicht verändert wird. Die durch den Einbau der kleineren Fremdkationen theoretisch bedingte Gitterkontraktion liegt im Fehlerbereich. Lediglich Cd^{2+}-Ionen (Chlorid) bewirken eine geringfügige meßbare Er-

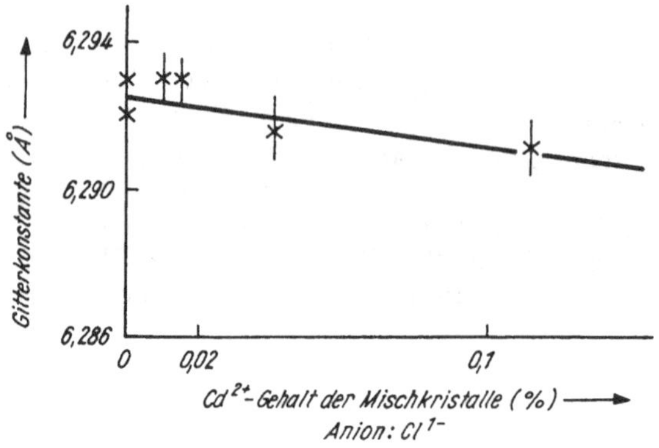

Fig. 10. Die Abhängigkeit der Gitterkonstante des KCl vom Cd^{2+}-Gehalt in den Kristallen

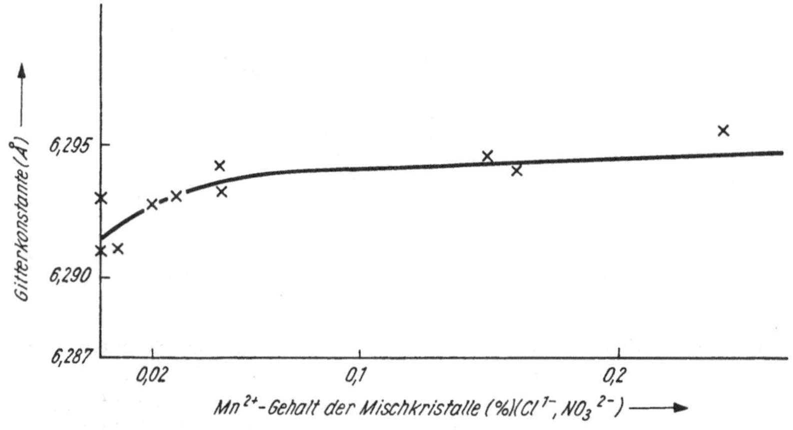

Fig. 11. Die Abhängigkeit der Gitterkonstante des KCl vom Mn^{2+}-Gehalt in den Kristallen

niedrigung der Gitterkonstanten (Fig. 10). Diese Gitterkontraktion hängt zusammen mit der beobachteten Erhöhung der Halbwertsbreite (s. 3.4). Mn^{2+}-Ionen bewirken dagegen eine Gitterdilation (Fig. 11). In den KCl:Mn^{2+}-Kristallen sind neben den substituierten Mn^{2+}-Ionen noch weitere Mn^{2+}-Ionen vorhanden (ESR-Messungen). Nach FORRESTER und SCHNEIDER liegen diese Mn^{2+}-Ionen bei Zimmertemperatur in der Nähe von Versetzungen. Eine besondere Anhäufung von Mn^{2+}-Ionen findet sich in der Nähe des undotierten Impflings. Diese zusätzlichen Mn^{2+}-Ionen, die wie bei der inneren Adsorption an Versetzungen und Korngrenzen liegen, erhöhen die nur integral gemessene Gitterkonstante. Das kommt besonders an einem Kristallisat mit 0.24% Mn zum Ausdruck.

Dieses Kristallisat besteht aus Würfeln, in der Mitte der Würfel ist eine schwache, quadratisch angeordnete, Trübung zu beobachten. Das Röntgendiagramm zeigt nur die reinen KCl-Reflexe, die Gitterkonstante beträgt 6,2955 ± 0.0005 Å. Nach zweistündiger Temperung dieser Kristalle bei 240 °C und anschließender Abschreckung auf Zimmertemperatur konnte bereits röntgenographisch K_4MnCl_3 nachgewiesen werden. Diese getemperten und abgeschreckten $KCl:Mn^{2+}$-Kristalle zeigen keine erhöhte Gitterkonstante mehr ($a_0 = 6.291$ Å).

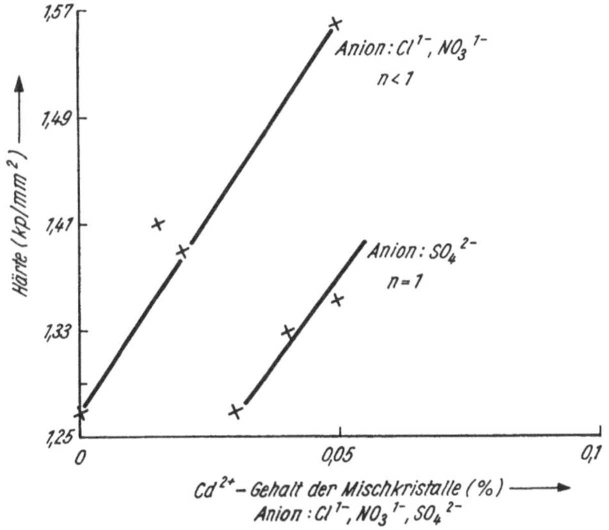

Fig. 12. Die Abhängigkeit der Härte der $KCl:Cd^{2+}$-Kristalle vom Cd^{2+}-Gehalt

Die Dichte ändert sich entsprechend dem Atomgewicht des eingebauten Fremdkations. Die röntgenographisch und pyknometrisch bestimmten Dichten sind gleich. Härte (Steinike) und Leitfähigkeit der $KCl:Me^{2+}$-Kristalle nehmen beim Einbau zweiwertiger Ionen auf einwertigen K^+-Gitterplätzen zu. So liegt z. B. die Mikrohärte der ohne Zusatz gewachsenen Kristalle bei 1.27 kp mm^{-2}. Die Anwesenheit von 0.05% Cd bewirkt eine Erhöhung der Härte auf 1.56 kp mm^{-2}, wie auch der Figur 12 zu entnehmen ist. Die Abb. 12 zeigt noch eine andere interessante Feststellung. Die Erhöhung der Härte ist von der Art der zugesetzten Anionen abhängig. Die Anwesenheit von Cl^{1-} und NO_3^{1-}-Ionen bewirkten eine stärkere Erhöhung der Härte als bei Anwesenheit von SO_4^{2-}-Ionen, obwohl die Anionen nicht ins Gitter eingebaut werden. Vergleicht man die Härtekurven mit den Verteilungskurven (Fig. 4), so ergibt sich folgende Tatsache. Bei Anwesenheit von Cl^{1-} und NO_3^{1-}-Ionen ist der Exponent der Verteilungsfunktion $n < 1$. Nach 3.4 muß in diesem Fall $N_{Me^{2+}(\text{Kristall})} \gg N_{\square\,(K^+)(\text{undotierter Kristall})}$ sein.

Beim System KCl-$CdSO_4$-H_2O ist $n = 1$, das bedeutet nach Wagner, daß die Konzentration von Mn^{2+}-Ionen im dotierten KCL wesentlich geringer ist als die Konzentration von Kationen-Leerstellen im undotierten Kristall $N_{Me^{2+}(\text{Kristall})} \ll N_{\square\,(K^+)(\text{undotierter Kristall})}$

Zur Erzeugung von Leerstellen muß Energie aufgewendet werden. Der Energieinhalt wird erhöht und die Gitterenergie erniedrigt. Die $KCl:Cd^{2+}$

(Cl^{1-}, NO_3^{1-})-Kristalle dagegen haben eine höhere Gitterenergie als die KCl: Cd^{2+} (SO_4^{2-})-Kristalle. Aus der unterschiedlichen Gitterenergie erklärt sich die unterschiedliche Härteerhöhung der KCl:Cd^{2+}-Kristalle bei den verschiedenen Anionen in der Ausgangslösung. Die Anionen werden nicht in das Gitter eingebaut, beeinflussen aber den Kristallisationsverlauf.

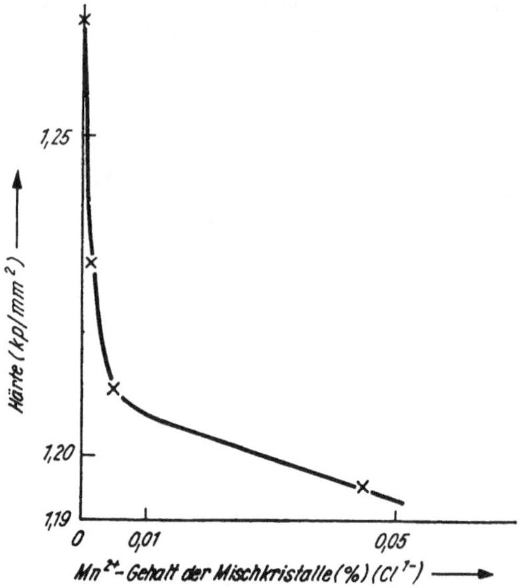

Fig. 13. Die Abhängigkeit der Härte der KCl:Mn^{2+}-Kristalle vom Mn^{2+}-Gehalt

KCl:Mn^{2+}-Kristalle zeigen nicht die erwartete Erhöhung der Härte. Durch das Vorhandensein zusätzlicher an Versetzungen und Korngrenzen adsorbierter Mn^{2+}-Ionen ist das Gitter gestört. Die Abnahme der Härte (Fig. 13) wird insbesondere in dem Gebiet der starken Gitterdilation beobachtet. In diesem Gebiet erfolgt eine Lockerung des gesamten Gittergefüges, die Gitterenergie und damit die Härte werden erniedrigt.

Die Absorptionsmessungen im UV dienten dem Nachweis des Einbaus der Schwermetallionen. So zeigen KCl:Cd-Kristalle unabhängig von den verwendeten Anionen bei 240 nm eine Absortionsbande, die auf den Einbau von Cd^{2+} auf K^+-Gitterplätze zurückzuführen ist (Ben-Dor; Steinike 1968).

Die vorliegende Arbeit ist ein Auszug aus der bei der Humboldt-Universität Berlin eingereichten Habilitationsschrift.

Die Arbeit entstand am Zentral-Institut für Physikalische Chemie der DAW. Dem Direktor, Herrn Prof. Dr. W. Schirmer, danke ich für die Möglichkeit der Durchführung der Untersuchungen sowie sein förderndes Interesse an der Arbeit.

Für die Durchführung der experimentellen Arbeiten danke ich herzlich den technischen Assistenten Frau Kienitz und Herrn Held.

Literatur

Ben-Dor, L. et al.: Physica status solidi **18**, 593 (1966)
Booth, A. H.: Trans.act. Faraday Soc. **47**, 633 (1951)
Brauer, P.: Z. Naturforsch. **6a**, 560 (1951)

Brauer, P.: Z. Naturforsch. **7a**, 372, 741 (1952)
Brauer, P.: Z. Naturforsch. **8a**, 273 (1953)
Forrester, P. A., Schneider, E. E.: Proceedings of the phys. Soc. Sect. B **69**, 833 (1956 II)
Reichert, :
Schock, H. H.: Contr. Mineral. and Petrol. **13**, 161 (1966)
Steinike, U.: Kristall u. Technik **1**, 113 (1966)
Steinike, U.: Kristall u. Technik **3**, K. 5, (1969)
Steinike, U.: in Vorbereitung (über komplexe Mischsysteme)
Steinike, U.: in Vorbereitung (über Härte der KCl-Fremdstoff-Systeme)

(Eingegangen am 13. März 1970)

Anschrift des Verfassers:

Dr. habil. Ursula Steinike
Zentralinstitut für Physikalische Chemie der DAW zu Berlin
1199 Berlin-Adlershof
Rudower Chaussee 5

Kristall und Technik | 6 | 1 | 1971 | 33–38

G. Bliznakov, E. Kirkova, R. Nikolayeva

Faculty of Chemistry, University of Sofia, Bulgaria

A Study of the Rate-Controlling Stage of the Process of Crystal Growth in Solutions

The effective activation energies of crystal growth on the faces (100) of KCl, KBr, and KI crystals in water solutions have been determined. The values obtained have been compared with the respective crystal lattice energies according to Sletter and Mayer, as well as with the experimental ones. The activation energies of crystal growth are in strictest linear dependence on the heats of dehydration of the ions. This shows that the dehydration of the ions is most probably the rate-controlling stage of the process of crystal growth in solutions. This concept is supported by the results of an experimental study of the rates of growth on the faces (111) and (100) of $NaClO_3$ crystals.

Определены кажущиеся энергии активации роста граней (100) кристаллов KCl, KBr y KI из водных растворов. Полученные значения сопоставлены с экспериментальными и с вычисленными по Слеттеру и Майеру энергии кристаллических решеток соответствующих кристаллов. Энергия активации процесса роста находится в наиболее ясно выраженной линейной зависимости от теплот гидратации йонов. Это показывает, что по всей вероятности дегидратация йонов является контролирующим этапом процесса роста кристаллов из раствора. Потверждением такого взгляда являются и данные, полученные при исследовании скоростей роста граней (111) и (100) кристаллов $NaClO_3$.

1. Introduction

The crystal growth in solutions is a complex process and it may be represented by several consecutive stages such as a) diffusion of the component particles from the bulk of the solution to the crystal faces, b) adsorption of the particles on the crystal surface with partial dehydration, c) migration of the particles on the crystal faces, d) adsorption on the steps of growth with further partial dehydration, e) diffusion of the particles along the steps of growth, f) adsorption of the particles on the halfcrystal positions with further partial dehydration.

Some of the stages may probably be passed over. For instance, stage ,,f" may come immediately after stage ,,a" but the probability of such a course of the process is very low.

In the case of ideal crystal faces the process passes through bidimensional nucleation by fluctuative grouping of the particles adsorbed on the ideal surface. The presence of adsorbed impurities complicates the process by the necessity of desorption or removal of the foreign particles from the active sites of growth which is connected with the appearance of an energetical barrier.

Each of the above stages is characterised by its own energetical barrier and in the case of a quasi-Boltzmann distribution, the following kinetic equation may be written:

$$V = k\, e^{-(\Sigma \varepsilon_i)/R\,T}$$

where V is the steady-state rate of the process, ε_i, the value of the i-th barrier, and k is assumed to be a constant. If one of the energetical barriers is much higher than the others, the corresponding stage of the process becomes rate-controlling. In this case the measurements of the rate of crystal growth with all the effects on it are related to the rate-controlling stage.

Theoretical considerations and experimental studies of crystal growth have usually been based on different rate-controlling stages. For instance, the GIBBS-VOLMER-STRANSKI-KAISCHEW classical theory of crystal growth considers the bidimensional nucleation as the rate-controlling stage (GIBBS; VOLMER; STRANSKI). Since FRANK showed that the crystal surface contains a sufficient number of active sites of growth due to dislocations, some stages of diffusion are accepted to be rate-controlling. Some authors are of the opinion that the dehydration of ions is the rate-controlling stage, especially in the case of crystal growth in solutions (REICH, KAHLWEIT).

Though it has been firmly established that crystal growth by bidimensional nucleation may be realized only at special conditions (KAISCHEW, BUDEVSKI), the dependence of the rate of crystal growth on supersaturation does not always give strong support to the diffusion theory. The dependence of the growth rate on temperature is more rarely used. When this dependence follows an exponential course, it is easy to calculate an activation energy which is the measure of the barrier of the rate-controlling stage. Comparison of this barrier with some other physico-chemical characteristics of the crystals, such as hydration heat of the ions, lattice energy, etc. could clarify some points of the mechanism of crystal growth.

2. Experimental

First of all, the dependence of the rate of growth on temperature was investigated for the cubic faces of KCl, KBr, and KI. A circulation apparatus previously described (BLIZNAKOV, KIRKOVA; BLIZNAKOV) was used. The temperatures of crystal growth were 7, 11, 15, 18 and 22 °C. The supersaturation was in all cases $\Delta\, c/c_0 = 0{,}023$. The flux of the solution was chosen in such a way as to ensure the rate of growth not to depend on the rate of circulation. The linear rate of crystal growth in divisions. minutes^{-1} (1 division $= 2{,}84 \cdot 10^{-4}$ cm) is marked on the ordinate. Each point is the average of 5—6 measurements.

The experiments with sodium chlorate were carried out in a similar way.

3. Results and discussion

Under the above mentioned conditions, crystals of KBr and KI grew very regularly, with smooth surfaces. The measurements with KCl crystals were performed on separate regions of the surface which grew regularly. It is seen from Figure 1 that KCl crystals have the highest rate of growth. Nevertheless, the rates of growth of KCl, KBr, and KI crystals are almost of the same order.

Figure 2 represents the same data in co-ordinates lgV—1/T. A good agreement with a linear dependence is seen. The activation energies of crystal growth

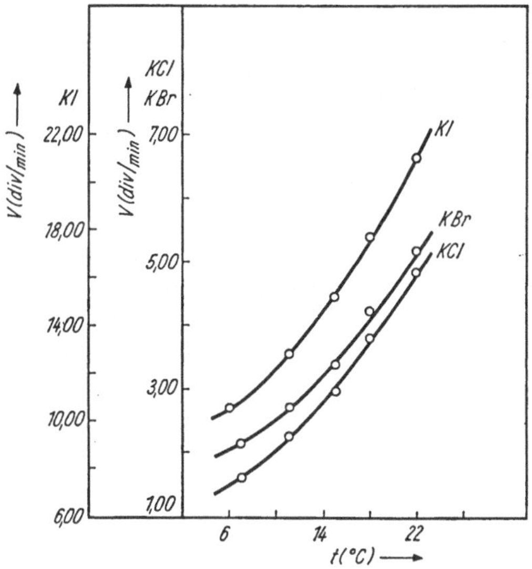

Fig. 1. The linear rates of crystal growth of KCl, KBr, and KI in dependence on temperature

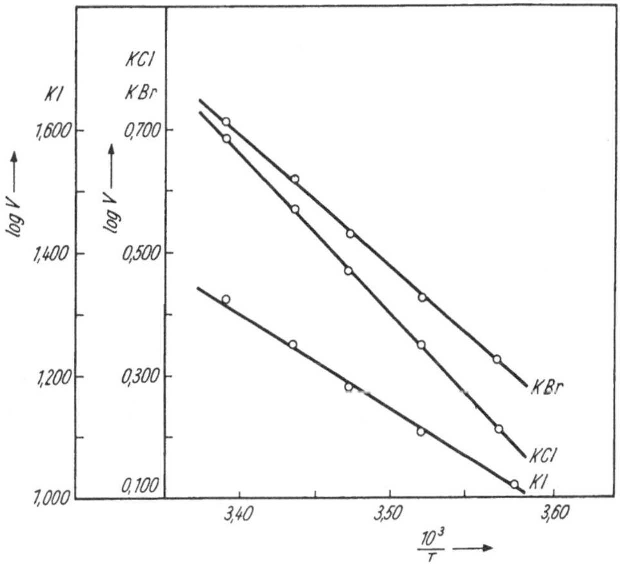

Fig. 2. Data of Figure 1 in lg V vers. 1/T

were derived from the slopes of the corresponding straight lines. These data are represented in Table 1. It is seen from the table that lg k (the factor before the exponent in equation 1) changes in the same direction as E_a. But it is easy to show that there is no full effect of compensation in the considered case. This conclusion could also be drawn from the fact that the absolute rate of growth of the faces (100) varies with temperature for each kind of crystals.

Table 1

Crystal substance	Face	E_a	lg k
KCl	100	11,500	9,2
KBr	100	9,560	7,8
KI	100	7,070	6,5

The existence of a correlation between the activation energy of crystal growth and some physico-chemical characteristics is possible and on this basis, the rate-controlling stage of the process could be determined. Such is the case of the lattice energy of the crystals. If the migration of the own adatoms (ions)

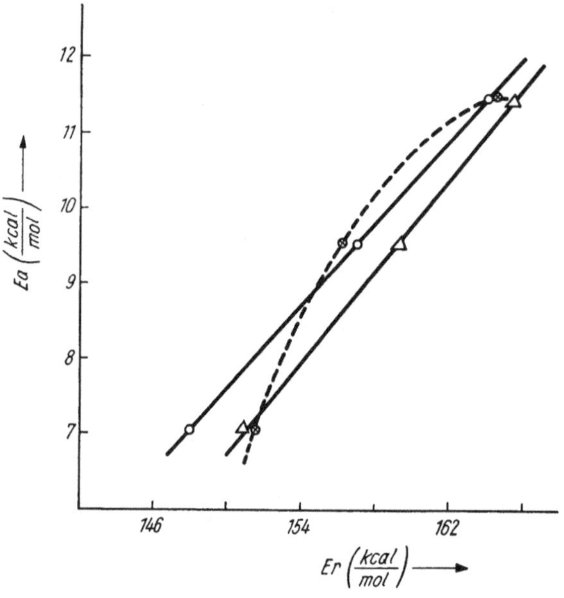

Fig. 3. The correlation between the effective activation energies of crystal growth and the lattice energies of KCl, KBr, and KI; ○ – according to Sletter; △ – according to Mayer; ⊗ – according to experimental values of crystal lattice energy

over the elements of the cubic faces was the rate-controlling stage, a linear dependence could be expected between the lattice energy and the effective activation energy E_a. The respective data are represented in Figure 3. A strict linear dependence is observed with the values of the lattice energies calculated according to Sletter and Mayer (KITTEL). But the experimental values of the lattice energies do not agree with the above conditions. This suggests that another stage of the process is rate-controlling. Figure 4 shows the correlation between the effective activation energies and the heats of dehydration of Cl^-, Br^-, and I^-. A very strict linear dependence is obvious. This suggests that the dehydration of the ions could be the rate-controlling factor, especially that of the negative ions during their deposition on the crystal faces.

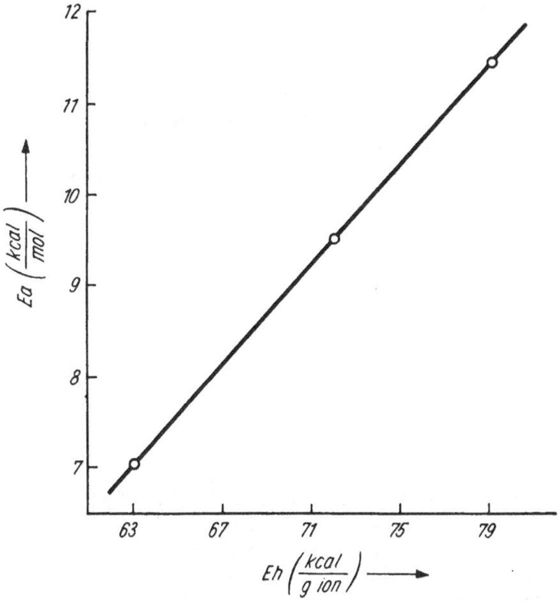

Fig. 4. The correlation between the effective activation energies of crystal growth of KCl, KBr, and KI and the heats of dehydration of Cl^-, Br^-, and I^-, resp.

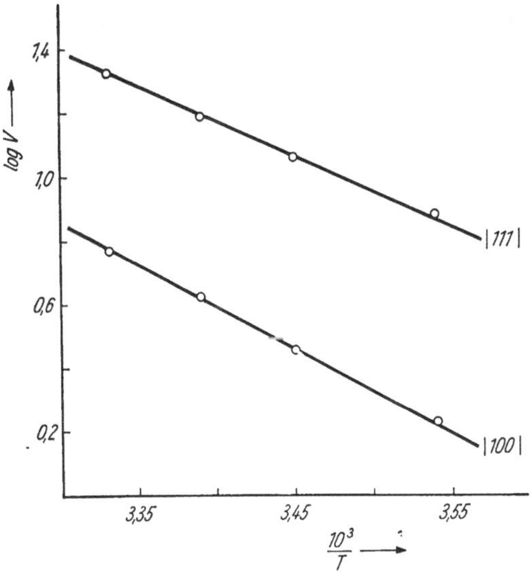

Fig. 5. Dependence of crystal growth rate of sodium chlorate on temperature in pure water (supersaturation 7.14 %)

On this basis, it is of interest to investigate the energetical barrier on two different kinds of faces of one and the same crystal. Figure 5 shows the results from the investigation of the dependence of the crystal growth rate on temperature in the case of sodium chlorate crystals growing in pure water solutions at 10, 17,

22, and 27 °C and a supersaturation of 7,14%. The experimental data show that the linear dependence of lgV on 1/T is obeyed at the above conditions with the cubic, as well as with the tetrahedral faces. The respective activation energies are $E_a^{(111)} = 9{,}6$ kcal/mole and $E_a^{(100)} = 12{,}2$ kcal/mole.

There arises the question for the causes of these differences. Considering that the lattice of $NaClO_3$ is of the type of NaCl, the conclusion is that the tetrahedral faces, being less dense, possess a higher free surface energy and higher capacity of adsorption. This is the reason to expect the same faces to be hydrated to a higher degree in comparison with the cubic faces, which is associated with a lower degree of dehydration of the particles in the course of their incorporation into the lattice by the faces (111). This could be the cause of the lower energetical barrier on these faces.

References

BLIZNAKOV, G.: Colloques internationaux du Centre National de la Recherche Scientifique, Nancy 1965

BLIZNAKOV, G.; KIRKOVA, E.: Z. physik. Chem. **206**, 271 (1957)

FRANK, F.: sb. Elementarnie processi rosta kristallov, Moskva 1959

GIBBS, J. V.: Termodinamitčeskie raboti, Moskva 1950.

KAISCHEW, R., BUDEVSKI, E.: Contemporary Physics 8, No. 5, 489–516 (1967)

KITTEL, TSCH.: Vvedenie v fiziku tverdovo tela, Moskva 1963, p. 100

REICH, R., KAHLWEIT, M.: Z. Elektrochem., Ber. Bunsenges. physik. Chem. **72**, 66 (1968)

STRANSKI, I., KAISCHEW, R.: Usp. Fiz. Nauk **21**, (vyp. 4) 408 (1939)

VOLMER, M.: Kinetik der Phasenbildung, Dresden u. Leipzig 1939

(Received May 12, 1970)

Authors' address:

Prof, Dr. G. BLIZNAKOV, Dr. E. KIRKOVA, R. NIKOLAYEVA
Faculty of Chemistry,
University of Sofia
Bulgaria

Kristall und Technik	6	1	1971	39–51

A. PACKTER, B. N. ROY

Department of Chemistry, West Ham Colledge of Technology, London

The Crystallisation of Alkaline-Earth Metal Tungstates (Molybdates, Chromates, and Sulphates) from Metal Chloride Melts

This paper presents studies on the crystallisation of alkaline-earth metal tungstates, molybdates, chromates and sulphates by slow cooling of solutions in lithium chloride and alkaline-earth metal chloride melts at 600° to 1100 °C. Solubility – temperature diagrams were prepared for this temperature range. The effects of solute – solvent interaction, crystallisation temperature range and rate of cooling on crystal form and size were investigated. Final crystal size increases with reduced rate of cooling and with increasing crystallisation temperature; barium sulphate crystallisation from lithium chloride melt is anomalous.

Es wird über die Kristallisation von Erdalkaliwolframaten, -molybdaten, -chromaten und -sulfaten durch Abkühlung ihrer Lösungen in Lithiumchlorid- und Erdalkalichloridschmelzen zwischen 600 und 1100 °C berichtet. – Löslichkeits-Temperatur-Diagramme wurden für dieses Temperaturgebiet aufgestellt. – Der Einfluß der Wechselwirkung Gelöstes/Lösungsmittel, des Temperaturbereiches der Kristallisation und der Abkühlungsgeschwindigkeit auf Kristallform und -größe werden untersucht. – Die Kristallgröße nimmt zu mit langsamerer Abkühlung und mit zunehmender Kristallisationstemperatur. Die Kristallisation von Bariumsulfat aus Lithiumchloridschmelze zeigt ein anomales Verhalten.

1. Introduction

Alkaline-earth metal tungstates (molybdates, chromates and sulphates) are an important group of materials: the crystals are used in various optical and other physical applications (GROOT; MOON; KLICK; OUWELTJES). Crystallisation from melts (ZERFOSS; GILLETTE), and from solution in molten salts at lower temperatures (ANIKIN; von UITERT) gives most suitable materials: Phase diagrams for solutions in lithium chloride (ANIKIN, GOLUBEVA), in metal chlorides (RUFF; SACKUR; KISLYAKOV), and sodium-oxy-anion salts (CALCAGNI; SMIRNOVA), have also been described.

This paper presents some preliminary quantitative studies on the crystallisation of the above materials by slow cooling of saturated solutions in lithium chloride and alkaline-earth metal chloride melts at 600° to 1100 °C. The tungstates and barium salts were studied in some detail.

The effects of solute solubility at the initial crystallisation temperature (solute-solvent interaction), crystallisation temperature range and rate of cooling on final crystal form and size were investigated.

2. Experimental

Materials

Sulphates: A. R.

Chromates: B. D. H. (> 98%).

Molybdates: prepared in situ from metal carbonate (A. R.) and molybdenum trioxide (A. R.).

Tungstates: prepared in situ from metal carbonate (A. R.) and tungsten trioxide (> 99% pure).

Solvents

Calcium, Strontium and Barium Chlorides: A. R.
Lithium Chloride (> 99% pure on dry assay).

Furnace(s)

Solubility determinations were carried out in a small electric furnace; A. C. voltage was supplied through a variable voltage transformer.
Crystallisations were carried out in

i) a 'Gallenkamp' electric furnace (FR 550) for T_0 upto 1000 °C.

ii) a 'Heraeus' platinum wire wound electric furnace for $T_0 = 1000°$ to 1200 °C.

Temperatures were measured with a Pt-Pt/Rh thermocouple.

Solubility

Increasing amounts of solute were added to a known weight of solvent melt until saturated solution was attained; weight of solute required was recorded.

Crystallisation

The ground metal salt powder was mixed with ground metal chloride powder and melted in alumina crucibles at temperatures slightly higher than the crystallisation temperature; the melt was held at this temperature for 30 minutes to ensure complete solution.

Crystallisation was carried out by slow cooling — at constant rate — of saturated solution at initial temperature (T_0) down to below the solidification temperature of the melt. The cooling rate was kept constant by manual operation of the energy regulator or transformer according to pre-determined programmes. The solvent was then removed from the solidified melt by six or more extractions with hot distilled water and the metal salt crystals collected.
(Calcium sulphate melts were extracted with hot ethanol).

Analysis

Chemical

0.1 to 0.2 g sample (after extraction of solvent) were pre-dissolved in HCl (4N). Metal contents were then determined by complexometric titration.
Tungstates, molybdate and sulphates were determined by standard gravimetric methods.

Chloride ion was determined by silver nitrate titration.

Infrared Spectrophotometry

0.1 g of solidified melt was finely ground. Nujol mulls were scanned in an "Infra-scan" Spectrophotometer over the range 4000 to 650 cm^{-1}.

Crystal Size

The average crystal length (l_{av}) — on a weight basis — was determined by optical microscopy (PACKTER). Most batches were studies with a 'Swift' PN Polarising Microscope: batches containing larger crystals (size range 1.0–6.0 mm) were studied with a 'Gillet Sibert' Moving — stage Microscope.

Crystal Number

The number (N) of crystals that grow from 100 g of solution was determined from l_{av}, using the relation,

$$N = \frac{\Delta w_0}{\varrho f_s l_{av}^3}$$

where Δw_0 = crystal weight crystallising out in the temperature range T_0 to T_e (eutectic).
f_s = shape factor.
ϱ = density.

3. Results

We have studied the crystallisation of alkaline-earth metal sulphates, chromates, molybdates and tungstates from (saturated) solutions in lithium chloride and alkaline-earth metal chloride melts at temperatures 600 to 1100 °C.

3.1 Solubility — Temperature relations

We first determined solubilities in metal chlorides in the temperature range 600° to 1200 °C. Results are presented in Figures 1, 2 and Insets.

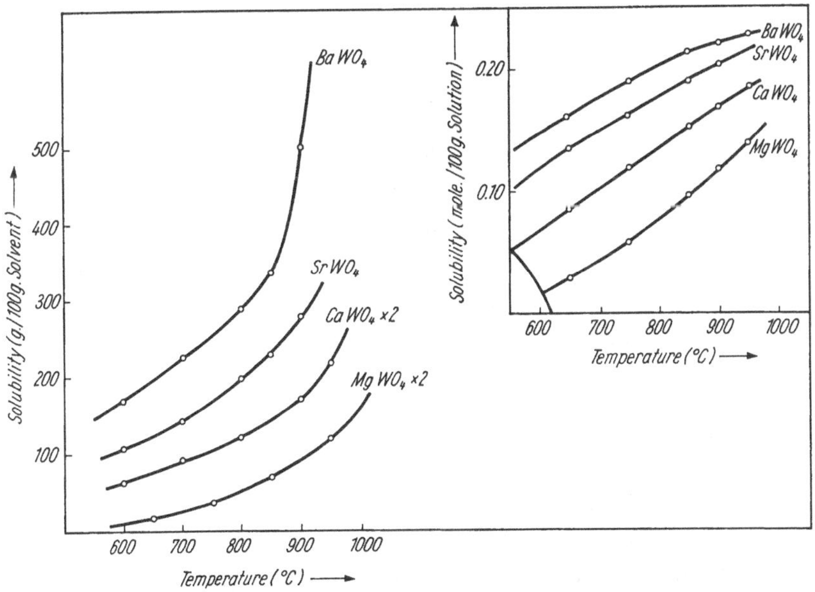

Fig. 1a. Metal Tungstates — Lithium Chloride Solubility — Temperature Diagrams

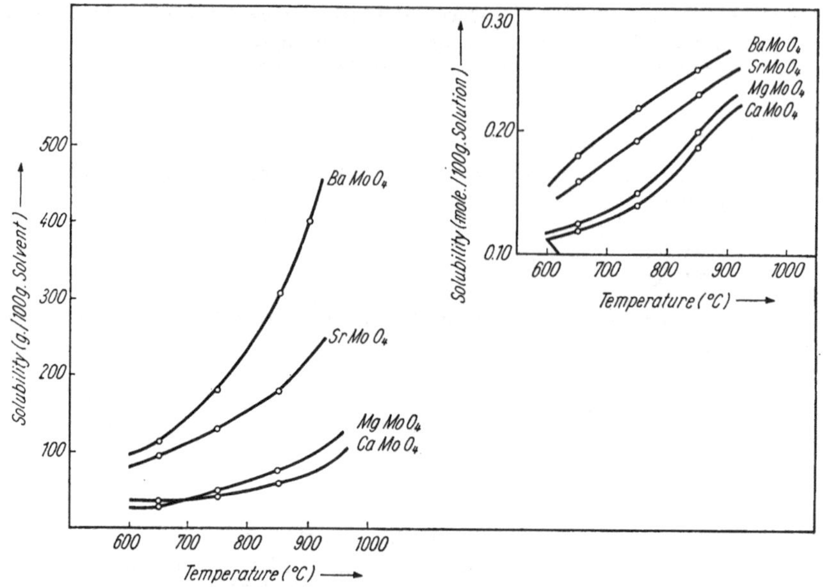

Fig. 1b. Metal Molybdates – Lithium Chloride Solubility – Temperature Diagrams

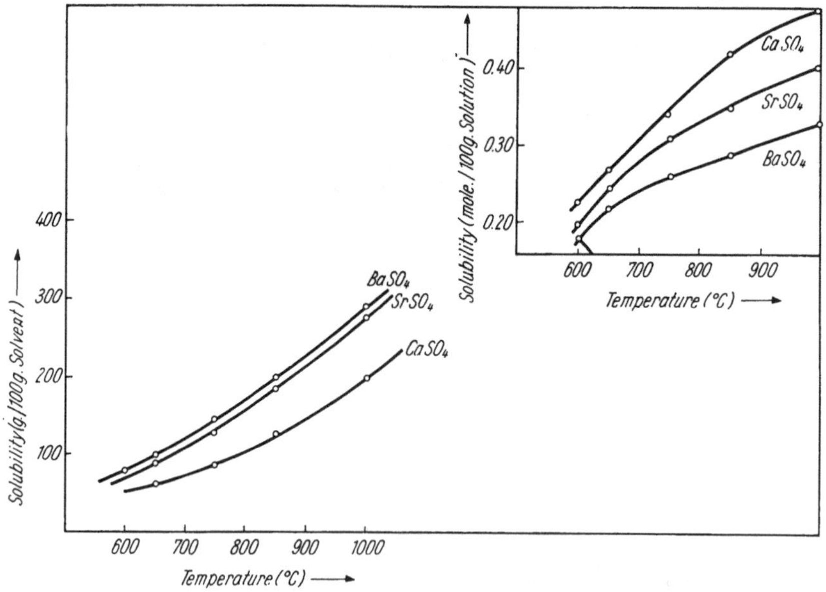

Fig. 1c. Metal Sulphates – Lithium Chloride Solubility – Temperature Diagrams

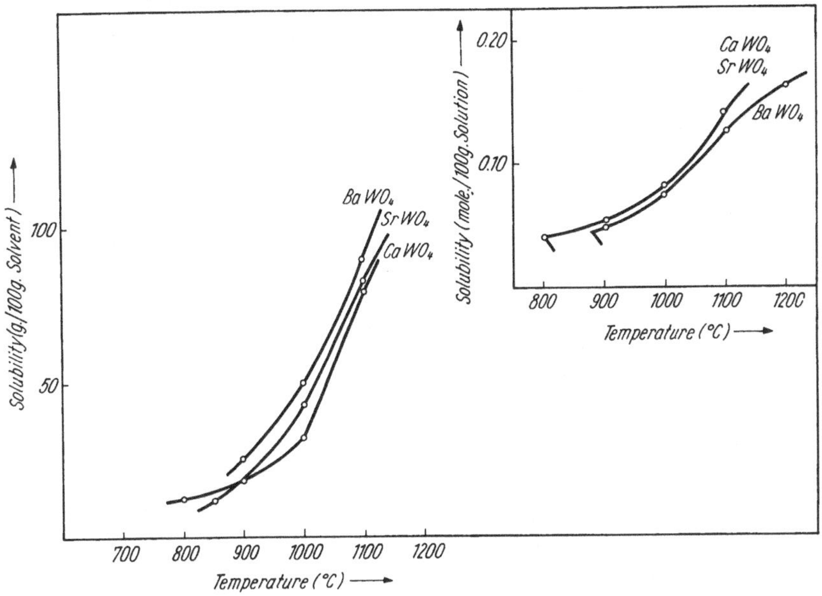

Fig. 2a. Metal Tungstates – Metal Chloride Solubility – Temperature Diagrams

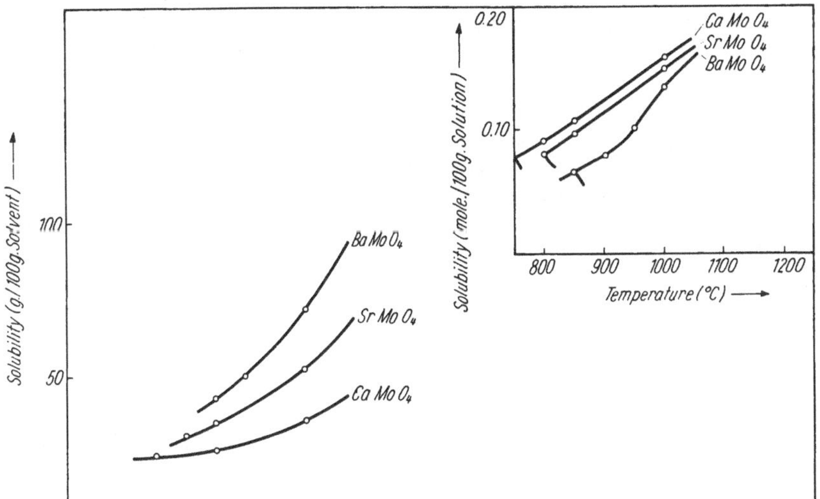

Fig. 2b. Metal Molybdates – Metal Chloride Solubility – Temperature Diagrams

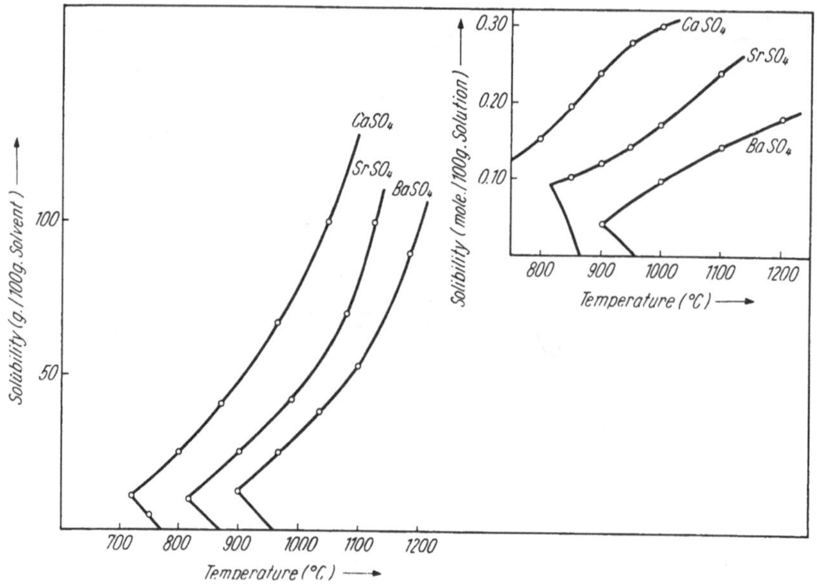

Fig. 2c. Metal Sulphates – Metal Chloride Solubility – Temperature Diagrams

3.2 Crystallisation

3.2.1 Analysis of crystallised materials

Infrared and gravimetric analysis confirmed that no solvate formation or metathesis occurred during solidification of any of the above systems: (c. f. ANIKIN; GOLUBEVA; RUFF, SACKUR; KISLYAKOV; CALCAGNI). They are all quasi-binary (irreversibly reciprocal) systems.

At any temperature, solubilities are very much higher in lithium chloride melts.

The weight deposited (from 100 g solution) was in all cases greatest for barium salts crystallised from lithium chloride melts: and decreased in the order Ba > Sr > Ca > Mg salts. Lithium chloride (because of low molecular weight and low melting temperature) is an excellent solvent for this series of salts at temperatures 100° to 300 °C lower than that required for crystallisation from other metal chlorides.

3.2.2 Variation of crystal size and number with metal salt structure

We first carried out a general investigation: we studied the crystallisation of series of metal salts from saturated solutions at $T_0 = 850$ °C and 1000 °C at a fixed rate of cooling, $R = 0.67$ °C/min.

The results, mean crystal length, shape factor and crystal number are collected in Table 1 together with solute solubility at initial temperature (T_0).

For crystallisation of any series from lithium chloride melts, crystal lenght generally increases in the order,

$\genfrac{}{}{0pt}{}{\text{Ba}}{\text{Sr}} > \text{Ca} > \text{Mg}$ salts.

N values tend to decrease in the order of increasing solubility (expressed in moles/100 g solution) and increasing Cl^{-}-M^{++}-Cl^{-} interaction in the melt (BLANDER; GREEN).

For crystallisation from alkaline-earth metal chloride melts, crystal length increases in the order, Ca > Sr > Ba.

N values in these solvents genereally also tend to decrease with increasing solubility (expressed in moles/100 g solution).

3.2.3 Variation of crystal size etc with rate of cooling

The main nuclei that grow to large crystals are formed in the early stages of crystallisation during an induction period.

The number (N) of such nuclei will depend on the rate of development of excess solute (dc/dt) during this period (PACKTER): the crystal number will then equal N.

We have studied the crystallisation of the metal tungstates from lithium chloride melts, at different rates of cooling(R):R was varied from 0.5° to 5 °C/min. At any initial crystallisation temperature (T_0),

$$(dc/dt)_0 = -R\,(dc/dT)_0 \text{ mole/100 g sols/min,}$$

where $(dc/dT)_0$ is the reduction of solute solubility with temperature.

Results are presented in Figure 3 and Inset.

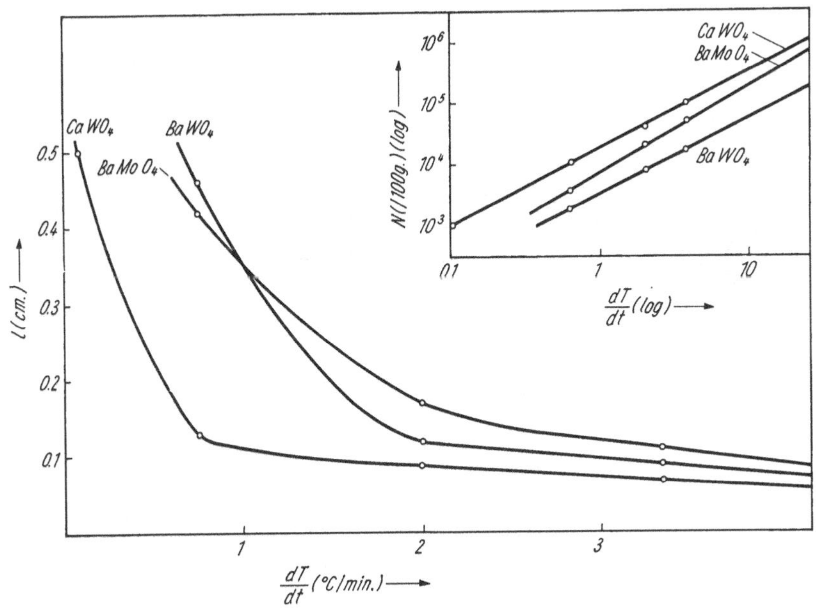

Fig. 3. Crystallisation of Metal Tungstates (and Molybdates) from Lithium Chloride melts (850 °C)
Variation of Crystal size (l) with Rate of Cooling (R)

Table 1
Crystallisation of Alkaline-Earth Metal Tungstates, Molybdates, Chromates, and Sulphates from Metal Chloride Melts (rate of cooling 0.70 °C/min) Tungstates

	Lithium Chloride Melts (850 °C).					Metal Chloride Melts (1000 °C).				
	Solubility		Crystal shape and shape factor (f_s)	Crystal length l	Crystal number N (per 100 g solution)	Solubility		Crystal shape and shape factor (f_s)	Crystal length l	Crystal number N (per 100 g solution)
	g/100 g solution	mole/100 g solution		(cm)		g/100 g solution	solution mole/100 g		(cm)	
					Tungstates					
Magnesium	25	0.09	Hexagonal prisms (dendritic) $f_s = 0.10$	0.07	110.000	×	×	×	×	×
Calcium	41	0.15	Tetragonal bipyramids $f_s = 0.14$	0.13	12000	25	0.11	Plates $f_s = 0.03$	0.11	2400
Strontium	69	0.19	Tetragonal bipyramids $f_s = 0.06$	0.45	800	30	0.10	Prisms $f_s = 0.20$	0.01	600.000
Barium	76	0.21	Tetragonal Prisms $f_s = 0.03$	0.46	1300	33	0.10	Plates $f_s = 0.16$	0.04	460.000
					Molybdates					
Magnesium	36	0.19	Plates $f_s = 0.007$	0.12	80.000	×	×	×	×	×
Calcium	37	0.18	Bipyramids $f_s = 0.19$	0.13	7500	25	0.13	Bipyramids $f_s = 0.08$	0.18	6.000

Strontium	58	0.23	Bipyramids $f_s = 0.06$	0.44	1300	35	0.14	Bipyramids $f_s = 0.12$	0.09	30.000
Barium	76	0.25	Bipyramids $f_s = 0.06$	0.41	1700	40	0.13	Plates $f_s = 0.16$	0.05	120.000
					Chromates					
Magne-sium	×	×	×	×	×	×	×	×	×	×
Calcium	45	0.23	Prisms (Needles) $f_s = 0.04$	0.06	10^6	×	×	×	×	×
Strontium	66	0.32	Pinacoids $f_s = 0.06$	0.12	80.000	×	×	×	×	×
Barium	79	0.31	Prisms $f_s = 0.05$	0.37	3600	×	×	×	×	×
					Sulphates					
Magne-sium	×	×	×	×	×	×	×	×	×	×
Calcium	56	0.42	Prisms $f_s = 0.04$	0.11	2200	44	0.30	Plates $f_s = 0.08$	0.12	30.000
Strontium	65	0.35	Prisms $f_s = 0.02$	0.09	6000	31	0.16	Plates $f_s = 0.15$	0.09	40.000
Barium	68	0.29	Plates $f_s = 0.02$	0.14	1800	23	0.10	Plates $f_s = 0.08$	0.09	350.000

The crystal number (N) increases and crystal size (l) decreases with increased rate of cooling. Generally the variation of N with $R\left(\frac{dT}{dt}\right)$ can be expressed by the relation,

$$N = {}_RN_1 \cdot R^{\gamma}$$

where, ${}_RN_1$, γ are constants for any system.
$N = {}_RN_1$ at $R = 1$ °C/min.
We have in fact proposed in an earlier work (Packter 1968) that,

$$N = f\left(\frac{k_n^{\alpha}}{k_g^{\beta}}\right)\left(\frac{dc}{dt}\right)_0^{\gamma} = f\left(\frac{k_n^{\alpha}}{k_g^{\beta}}\right)\left[-R\left(\frac{dc}{dT}\right)_0\right]^{\gamma} \quad \text{per 100 g solution,}$$

where k_n = rate constant for nucleation,
k_g = rate constant for growth.

Then N, will equal $f\left(\frac{k_n^{\alpha}}{k_g^{\beta}}\right)\left(\frac{dc}{dT}\right)_0^{\gamma}$

For crystallisation of tungstates and molybdates from lithium chloride, γ values vary from 1.5—2.0., but for barium sulphate crystallisation $\gamma = 0.3$.
The crystal thickness does not change significantly with rate of cooling: that is crystal anisometry decreases at high cooling rates.

3.2.4 Variation of crystal size etc with initial crystallisation temperature (and solute solubility)

Previous workers have noted that the crystallisation of metal salts from aqueous and other solvents media is appreciably modified by initial crystallisation temperature (and temperature range) and solute solubility.

Generally fewer nuclei are formed at higher temperatures and larger crystals grow onto these nuclei (PACKTER; LAUDISE; BERKES; KLEBER).
We have then studied the crystallisation of metal tungstates and other salts from saturated solutions in metal chloride melts at different initial crystallisation temperatures (T_0).

T_0 was varied from 600 °C to 1100 °C. Rate of cooling (R) was kept at 0.67 °C/min. $(dc/dt)_0$ at any temperature may then vary to some extent with T_0 and $(dc/dT)_0$.

Results are presented in Figures 4,5 and Insets.

For crystallisation from lithium chloride melt, crystal size generally increases with increase in T_0 upto T_0 = 900 °C.

The increase in crystal length may be related to the increasing weight of material deposited but is mainly due to the decrease in crystal number (N) with increasing T_0.

These results indicate that the function $\left(\frac{k_n^{\alpha}}{k_g^{\beta}}\right)$ is decreasing with increasing solute solubility and enhanced solute — solvent interaction.

At T_0 900 °C, N values may again decrease. Sublimation of solvent modifies the nucleation process.

For crystallisation from alkaline-earth chloride melts, crystal size increases with T_0 up to T_0 = 1000 °C and then decreases.

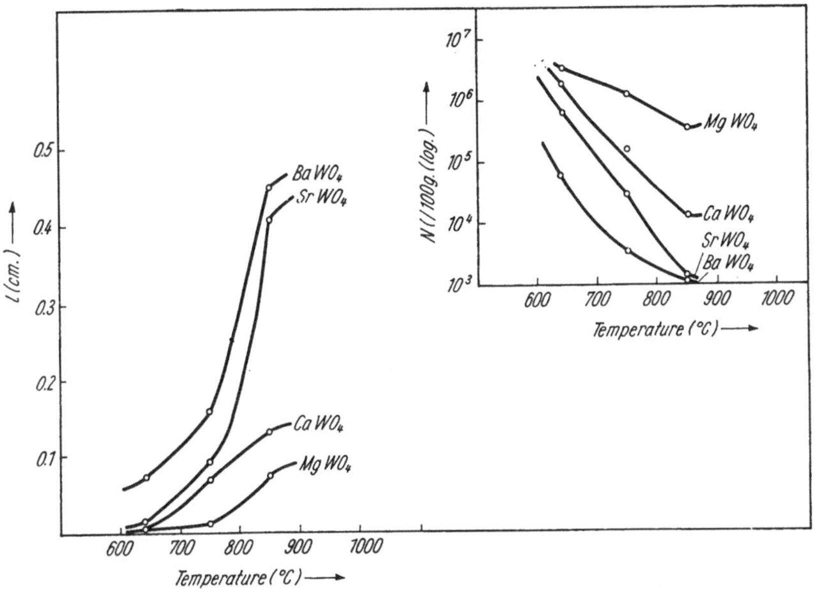

Fig. 4a. Crystallisation of Metal Tungstates from Lithium Chloride melts ($dT/dt = 0.67$ °C/min)
Variation of Crystal size (l) with initial Crystallisation Temperature (T_0)

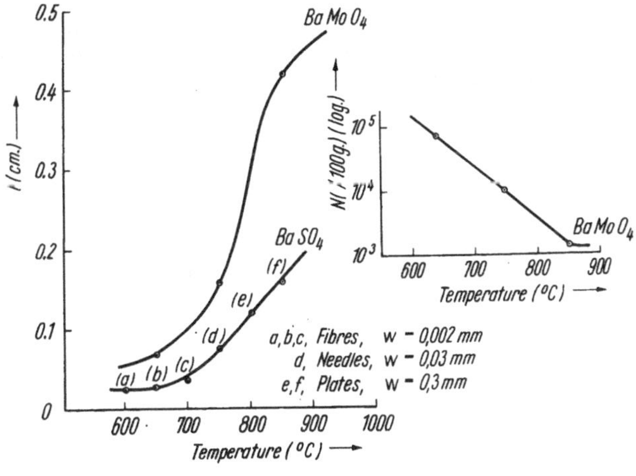

Fig. 4b. Crystallisation of Barium Molybdate from Lithium Chloride melts ($dT/dt = 0.67$ °C/min).
Variation of Crystal size (l) with initial Crystallisation Temperature (T_0)

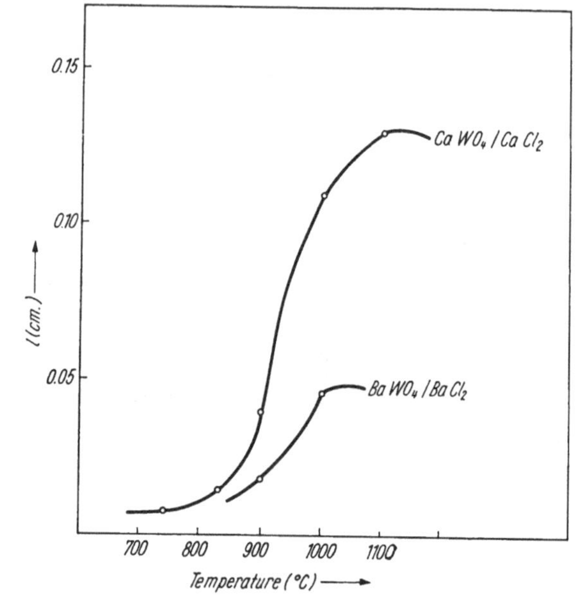

Fig. 5. Crystallisation of Metal Tungstates from Metal Chloride melts ($dT/dt = 0.67$ °C/min.).
Variation of Crystal size (l) with initial Crystallisation Temperature (T_0).

3.2.5 Crystal Form

Generally, crystal anisometry does not change appreciably with increase in T_0: that is, crystal anisometry increases at higher temperature.

Barium sulphate crystallisation from lithium chloride melts is anomalous. Crystal length does not vary very much with T_0 but the crystal thickness decreases markedly with decrease in crystallisation temperature. This material crystallises as prisms and needles at temperatures ($T_0 > 750$ °C), and as fibres at low temperatures ($T_0 < 750$ °C) from lithium chloride.

References

ANIKIN, I. N.: Doklady Akad. Nauk **110**, 259 (1956)
BLANDER, W.: „Molten Salt Chemistry" New York 1963, Ch. 3
BERKES, J. S.: J. appl. Physics **36**, 3276 (1965)
CALCAGNI, R.: Gazz. chim. ital. **42**, 652 (1912)
GILLETTE, R. H.: Rev. Sci. Instruments **21**, 294 (1950)
GOLUBEVA, M. S.: J. Inorg. Chem. (Russia) **4**, 2606 (1959)
GREEN, D. M: Quart. Rev., Chem. Soc. **19**, 349 (1965)
GROOT, W. DE: Philips Techn. Rev. **9**, 321 (1947)
KISLYAKOV, L. P.: J. Inorg. Chem. (Russia), **9**, 1502 (1966)
KLEBER W.: Z. anorg. Chem. **338**, 134 (1965)
KLICK, C. C.: Physics. Rev. **75**, 10, 1606 (1949)
LAUDISE, R. A.: „Growing Crystals" (Editor J. J. Gilman) New York 1963, Ch. 14
MOON, R. J.: Physic. Rev. **73**, 10, 1210 (1948)
OUWELTJES, J. L.: „Modern Materials" **5**, 188, 245, (1965), Chap. 3

Packter, A.: Kristall und Technik **3**, 51 (1968)
Ruff, P.: Ber. dtsch. chem. Ges. **36**, 2357 (1903)
Sackur, P.: Z. physik. Chem. **78**, 550 (1912)
Smirnova, I. N.: Inorg. Materials (Russia) **1**, 1064 (1965)
Uitert, L. G. von: J. appl. Physics **31**, 328 (1960)
Zerfoss, S.: Physic. Rev. **75**, 2, 320 (1949)

(Received April 1, 1970)

Authors' address:

Dr. A. Packter, B. N. Roy
West Ham College of Technology, Department of Chemistry
Romford Road, Stratford
London, E. 15.

Kristall und Technik | 6 | 1 | 1971 | 53–57

D. R. PETZOLD

Deutsche Akademie der Wissenschaften zu Berlin
Zentralinstitut für Optik und Spektroskopie

Züchtung und Eigenschaften von Mangan-, Kobalt- und Zinkmanganatkristallen[1])

Aus einer PbO-PbF_2-Schmelzlösung konnten durch langsames Abkühlen Kristalle von Mangan-, Kobalt- und Zinkmanganat gezüchtet werden. Die Gitterdaten der Züchtungsprodukte sind mit denen von Sinterprodukten (aus Literaturangaben) verglichen. Durch Vergleich der röntgenographischen mit der pyknometrischen Dichte konnte ermittelt werden, daß das Sauerstoffdefizit im Gitter durch Anionenleerstellen bedingt ist.

Crystals of the manganates of manganese, cobalt, zinc have been grown from a flux solution of PbO-PbF_2 by slow cooling. Their lattice constants are compared with dates of sintered products (from literature). It resulted by comparison of the densities obtained by X-ray and by pycnometer that the deficit of oxygen is caused by anionic vacancies in the lattice.

1. Einleitung

In der Literatur findet man nur wenige Arbeiten über die Züchtung von Übergangsmetallmanganaten aus schmelzflüssiger Lösung. MAKRAM versuchte aus Schmelzlösungen von PbO-PbF_2, PbO-B_2O_3 und Bi_2O_3-B_2O_3 Nickelmanganat zu züchten und erhielt nur aus der Bi-haltigen Schmelze an Luft das gesuchte Nickelmanganat; aus der Bi-haltigen Schmelze in Sauerstoffatmosphäre Wismutmanganat und aus den beiden Pb-haltigen Schmelzen Bleimanganat. OKADA züchtete Kristalle von Kobaltmanganat durch Verdampfen des Schmelzlösungsmittels PbF_2. Kristalle von Kobalt- und Zinkmanganat erhielt er aus der Dampfphase über einer PbF_2-Schmelzlösung.

2. Züchtungsmethode

Es war die Aufgabe dieser Arbeit, durch langsames Abkühlen einer gesättigten Schmelzlösung Kristalle von Mangan-, Zink- und Kobaltmanganat zu züchten. Statt des reinen PbF_2 wurde als Schmelzlösungsmittel das eutektische Gemisch PbO-PbF_2 verwendet, das wegen des tieferen Schmelzpunktes ein Arbeiten in einem größeren Temperaturbereich zuläßt und wegen des verminderten Dampfdruckes des sehr stark korrodierenden PbF_2 die Ofenmaterialien in geringerem Maße angreift. Die Zusammensetzungen der Ausgangsschmelzen und die der entsprechenden Züchtungsprodukte enthält Tabelle 1. Im Versuch zur Züch-

[1]) Auszug aus Dissertation D. R. Petzold

Tabelle 1
Ergebnisse der Züchtungsversuche

Ansatz		Züchtungsprodukt			Pb-Gehalt
Mol	Substanz	Ausbeute		Formel	
		g	Mol %		Mol %
0,2 0,2 0,2	PbO PbF_2 $MnO_{1,33}$	9	60	$Mn_3O_{3,901}$	<0,08
0,6 0,6 0,2 0,1	PbO PbF_2 $MnO_{1,33}$ CoO	11	50	$Co_{1,240}Mn_{1,760}O_{3,931}$	1,2
0,6 0,6 0,2 0,1	PbO PbF_2 $MnO_{1,33}$ ZnO	18	70	$Zn_{0,853}Mn_{2,147}O_{3,922}$	0,2

tung von Manganmanganatkristallen (Mn_3O_4, Hochtemperatur-Hausmannit) wurde nicht alles eingesetzte Manganmanganat von der Schmelze gelöst, denn an der Oberfläche der Schmelzlösung wurde noch eine Schicht von Kriställchen gefunden, die in Form und Größe den Kristalliten der Ausgangssubstanz glichen. Deshalb wurde bei den Versuchen mit Kobalt- und Zinkmanganat die relative Menge des Schmelzlösungsmittels verdoppelt.

3. Züchtungsergebnisse

Alle erhaltenen Kristalle waren regelmäßig und von tief schwarzer Farbe, hatten gut ausgebildete spiegelnde Flächen und zeigten einen oktaedrischen Habitus (Fig. 1). Alle drei Züchtungsprodukte wiesen ein beträchtliches Sauerstoffdefizit auf (Tab. 1). — Der über eine Zehnerpotenz schwankende Bleigehalt der Züchtungsprodukte ist wahrscheinlich auf Schmelzlösungsmitteleinschlüsse zurückzuführen.

Die Gitterdaten der im Spinellgitter kristallisierenden Züchtungsprodukte unterscheiden sich von den in der Literatur angegebenen, die an Sinterprodukten bestimmt wurden, beim Manganmanganat nur innerhalb der Fehlergrenzen, beim Kobaltmanganat wenig und beim Zinkmanganat sehr deutlich (Tab. 2).

Am Manganmangat, das von den Züchtungsprodukten das größte Sauerstoffdefizit und den kleinsten Bleigehalt aufweist, sollte durch Vergleich der aus den Gitterdaten und der pyknometrisch ermittelten Dichte untersucht werden, ob das Sauerstoffdefizit der Manganate im Kristallgitter von Anionenleerstellen oder Kationenzwischengitterplätzen hervorgerufen wird. Die bei 23 °C pyknometrisch bestimmte Dichte beträgt $4{,}838 \pm 0{,}005$ g cm^{-3}; die aus den von Guinier-Aufnahmen erhaltenen Gitterdaten (unter Berücksichtigung des Bleigehaltes) berechnete Dichte beträgt für $Mn_3O_{3,901}$ (Anionenleerstellen) $4{,}844 \pm 0{,}010$ g cm^{-3} und für $Mn_{3,075}O_4$ (Kationenzwischengitterplätze) $4{,}962 \pm 0{,}010$ g cm^{-3}. Demnach kann als sicher angesehen werden, daß das Sauerstoffdefizit im Gitter durch Anionenleerstellen bedingt ist und die Formel $Mn_3O_{3,901}$ zutrifft.

a

b

c

Fig. 1. Gezüchtete Kristalle von Manganmanganat (a), Kobaltmanganat (b) und Zinkmanganat (c) (Vergr. 3 ×).

Tabelle 2
Vergleich der Gitterdaten

Manganat	a Å	c Å	c/a	Erhalten von
Mangan	8,150	9,463	1,161	Züchtungsprodukt (25 °C)
	8,14	9,45	1,16	PROCHWATIOW und GINDIN
	8,14	9,45	1,161	KSHIRSAGAR und BISWAS
Kobalt	8.06	9,25	$1,14_5$	Züchtungsprodukt
	8,12	9,16	1,12	WICHKAM und CROFT
Zink	8,11	8,80	$1,08_5$	Züchtungsprodukt
	8,09	9,25	$1,14_5$	DRIESSENS und RIECK

4. Experimentelles

Die Züchtungsversuche wurden in einem speziellen Ofen ausgeführt, dessen Heizwicklung durch ein Keramikrohr aus Kawenit IR KER 630 vor den aggressiven Schmelzmitteldämpfen geschützt war. In Höhe der Heizwicklung befand sich der Platintiegel, dessen Deckel zur besseren Abdichtung mit seinem unteren Rand in eine am oberen Tiegelrand angebrachte Rinne eingepaßt war. Die von einem im Ofen befindlichen Thermoelement erzeugte Thermospannung wurde einem Regelsystem zugeführt, durch das die Temperatur nach einem vorgegebenen Programm gesenkt werden konnte. Nach oben und unten war der Ofen mit Keramikbausteinen verschlossen.

Das Schmelzlösungsmittel und die Einzeloxide wurden möglichst homogen gemischt und im Platintiegel geschmolzen, so daß der Tiegel mit Schmelze fast gefüllt war. Er wurde dann zugedeckt im Ofen auf nahezu 1300 °C erhitzt, einige Stunden bei dieser Temperatur gehalten, damit sich alles Oxid auflösen kann, und danach mit ca. 4 °C/h bis auf etwas unter 1000 °C abgekühlt. Dann wurde der heiße Tiegel aus dem Ofen genommen und die noch flüssige Schmelze abgegossen.

Für die chemischen Analysen und die Bestimmung der Gitterdaten wurden einige isolierte regelmäßige Kristalle ausgesucht und einige Stunden in verdünnter Salpetersäure, die etwas Weinsäure enthielt, gekocht, um noch anhaftendes Schmelzlösungsmittel zu entfernen, dann mit Wasser gewaschen und getrocknet. Mit einem Teil der so behandelten Kristalle wurden Debyeogramme (beim Manganmanganat auch Guinier-Aufnahmen), mit dem anderen Teil die chemischen Analysen angefertigt. Die Metallionen wurden komplexometrisch und der aktive Sauerstoff mit der Methode nach Bunsen bestimmt.

5. Schlußfolgerungen

Es konnte mit diesen Ergebnissen nachgewiesen werden, daß die Züchtung von Übergangsmetallmanganaten aus PbO-PbF_2-Schmelzlösung prinzipiell möglich ist. Zur Verringerung des Sauerstoffdefizits sollte bei weiteren Züchtungen besser in Sauerstoffatmosphäre (evtl. unter Überdruck) gearbeitet werden.

Fräulein Dr. Schmittler und Frau Menz möchte ich für die sorgfältige Anfertigung der Guinier-Aufnahmen und die Berechnung der Gitterkonstanten danken.

Literatur

DRIESSENS, F. C. M.; RIECK, G. D.: J. inorg. nuclear Chem. **28**, 1593 (1966)
KSHIRSAGAR, S. T.; BISWAS, A. B.: J. Phys. Chem. Solids **28**, 1493 (1967)
MAKRAM, H.: J. Cryst. Growth **1**, 325 (1967)

OKADA, T.: veröffentlicht bei Tsushima, K., J. appl. Physics **37, 443** (1966)
PETZOLD, D.: Dissertation, Leipzig 1970
PROCHWATILOW, W. G.; GINDIN, JE. I.: Kristallografija **10,** 248 (1965)
WICKHAM, D. G.; CROFT, W. J.: J. Phys. Chem. Solids **7,** 351 (1958)

(Eingegangen am 3. Juni 1970)

Anschrift des Verfassers:

Dr. D. R. PETZOLD
Deutsche Akademie der Wissenschaften zu Berlin
Institute für Medizin und Biologie
Physiko-Chemisches Zentrum
1115 Berlin, Lindenberger Weg 70

Kristall und Technik	6	1	1971	59–64

B. M. BULAKH, G. S. PEKAR

Institute of Semiconductors, Academy of Sciences of the UkrSSR, Kiev

Gaseous Control of Vapour Concentration in Crystal Synthesis from the Vapour Phase

The gaseous control in the crystal synthesis from the initial components is discussed. The dependences of the vapour concentrations in the growth region on inert gas flows have been calculated. It is shown that the use of additional inert gas flows conducted directly to the entries into the reaction zone makes it possible to change the vapour concentrations in the growth region rapidly and independently one from another, and these concentrations are linear with the main transport gas flows.

Обсуждается способ газовой регулировки при синтезе кристаллов из паров исходных компонентов. Рассчитаны зависимости концентраций паров элементов в области роста от потоков инертного газа. Показано, что применение дополнительных потоков инертного газа, подводимых непосредственно ко входам реакционной области, дает возможность быстро и независимо одну от другой изменять концентрации паров элементов в зоне роста, причем зависимость этих концентраций от основных потоков транспортирующего газа является линейной.

1. Introduction

In crystal synthesis from the vapour phase (BISHOP, LIEBSON) the desired concentrations of the reacting components in the growth region are usually set by the respective evaporation temperatures of the initial elements. Because of this, at a given crystallization temperature the evaporation temperatures of the source elements are the basic technological parameters conditioning the growth process.

But during crystal growing it is often necessary to change the vapour concentration in the reaction zone. For example, supersaturation during the nucleation process must be higher compared with the subsequent growth period. Besides, the ratio of the elements in the crystallization region effects on the growth (BULAKH) and on the physical parameters of the crystals. Because of this, the control of the composition of the gaseous phase is essential for preparing perfect crystals with required physical properties.

Thus, during crystal growing it is necessary to change not only the supersaturation but the ratio of the source elements in the crystallization region. For this purpose, the change of evaporation temperatures of the initial components is a standard practice. Taking into account that the vapour pressure of the components is exponential with temperature, the difficulties with such control become obvious. Besides, the temperature control is very inertial.

In this paper a method for the control of the concentrations of the initial elements in the reaction region by inert gas flows is discussed. We designate this method the gaseous control of vapour concentrations.

2. The gaseous control of the elements ratio in the growth region

The scheme of crystal synthesis from the vapour phase is shown in Figure 1. The essence of this method is that the flows of the transport gas, passing individually over the molten source elements, carry their vapours into the reaction region, where they mutually react at a high temperature. The transport gas flows used in the crystal synthesis are slow enough, and the equilibrium in the evaporation zones practically is not disturbed (HÖSCHL, KOŇÁK). Because of this, the vapour concentrations above the molten elements A and B, n_{1e} and n_{2e}, respectively, are constant with the transport gas flows. These concentrations are due only to the evaporation temperatures of the components, T_{1e} and T_{2e}.

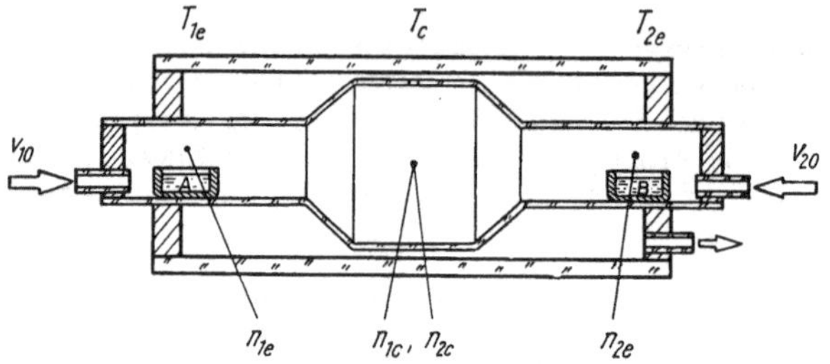

Fig. 1. Diagram of arrangement for crystal synthesis from the vapour phase

In the reaction zone the vapour concentration of the source element change as a result of mixing with the counter-flow. If the distribution of the vapours in the reaction space is uniform, then the vapour concentrations of the initial elements in the crystallization zone are equal:

$$n_{1c} = n_1 \frac{v_{10}}{v_{10} + v_{20}}, \quad n_{2c} = n_2 \frac{v_{20}}{v_{10} + v_{20}}, \tag{1}$$

where v_{10} and v_{20} — the volumetric flow rates (reduced to standard conditions) of the gas above the elements A and B, respectively, $n_1 = n_{1e}\frac{T_{1e}}{T_c}$ and $n_2 = n_{2e}\frac{T_{2e}}{T_c}$ — the concentrations of the elements A and B, respectively, at their entries into the reaction region. T_c — the crystallization temperature. For a given T_c and at constant T_{1e} and T_{2e}, the values of n_1 and n_2 are constant. It is seen from eqs. (1), that at constant gas flow above the element B (v_{20} = const.) the increase in inert gas flow above the element A (v_{10}) results in the increase of concentration of the component A and in the decrease of concentration of the component B in the growth region.

The change of v_{20} at v_{10} = const. has a similar effect on n_{1c} and n_{2c}. And the simultaneous change of v_{10} and v_{20}, for example, the increase of v_{10} and the decrease of v_{20}, leads to sharper change of vapour concentrations. The dependence of vapour concentrations in the growth region on the ratio of transport gas flows is shown in Figure 2.

As the change in transport gas flows in the crystallization region is usually undesirable during the process of growth, then of particular interest is the case, when the total gas flow in the reaction zone is constant:

$$v_{10} + v_{20} = v = \text{const.}$$

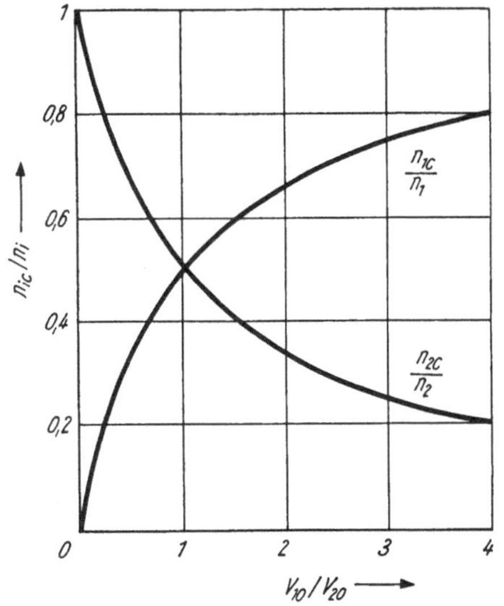

Fig. 2. Vapour concentrations of the initial elements in the growth region versus the ratio of transport gas flows ($i = 1,2$)

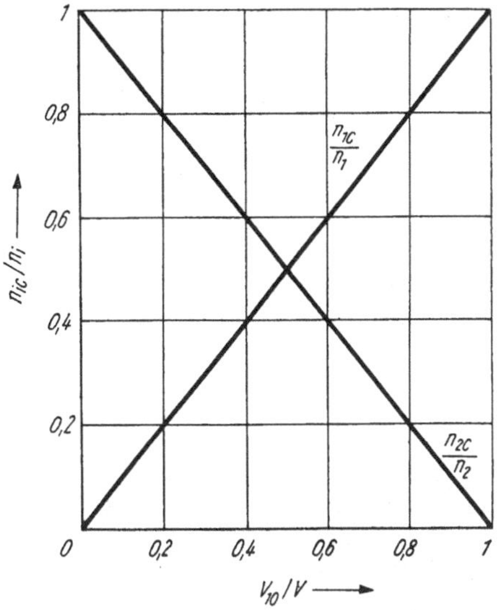

Fig. 3. Vapour concentrations of the initial elements in the growth region versus the ratio of transport gas flows at the constant total flow ($v_{10} + v_{20} = v = \text{const}$)

In this case eqs. (1) become

$$n_{1c} = n_1 \frac{v_{10}}{v}, \quad n_{2c} = n_2 \frac{v_{20}}{v}$$

and the vapour concentrations in the growth region are linear with transport gas flows (Fig. 3). But the change in the concentration of each element is not independent. Such gaseous control makes it possible to change the ratio of vapours of the initial elements in the reaction zone.

3. The gaseous control of vapour concentrations at additionalinert gas flows

The modified experimental arrangement for crystal synthesis is shown schematically in Figure 4. This arrangement has two additional tubes, through which the inert gas passes directly to the entries into the reaction region. Denote

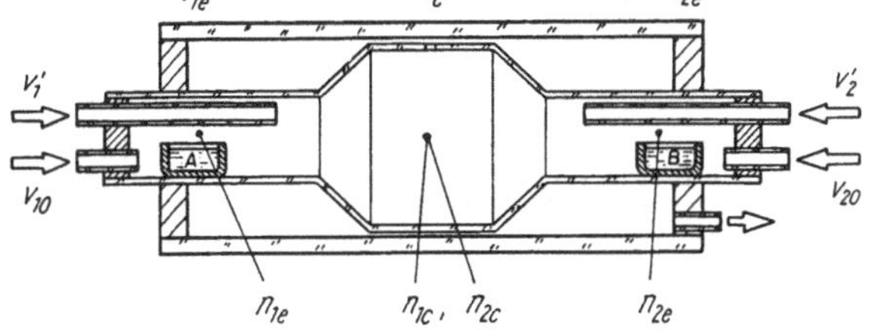

Fig. 4. Diagram of arrangement for crystal synthesis from the vapour phase with additional inert gas flows

the additional gas flows (reduced to standard conditions) by v_1' and v_2'. Then the vapour concentrations in the crystallization zone are

$$n_{1c} = n_1 \frac{v_{10}}{v_{10} + v_{20} + v_1' + v_2'}, \qquad n_{2c} = n_2 \frac{v_{20}}{v_{10} + v_{20} + v_1' + v_2'}.$$

Similarly to the above-mentioned case, n_1 and n_2 are constant for a given crystallization temperature and at constant T_{1e} and T_{2e}.

1) Let us consider the case when the concentrations are controlled only by the additional flows v_1' and v_2', and the main flows are equal in magnitude and constant ($v_{10} = v_{20} = v = \text{const.}$). Then

$$n_{1c} = \frac{n_1}{2} \frac{1}{1 + \frac{v_1' + v_2'}{2v}}, \qquad n_{2c} = \frac{n_2}{2} \frac{1}{1 + \frac{v_1' + v_2'}{2v}}.$$

It is seen that in this case the change of the additional gas flow v_1' and of the gas flow v_2' has the same effect on vapour concentration in the reaction region.

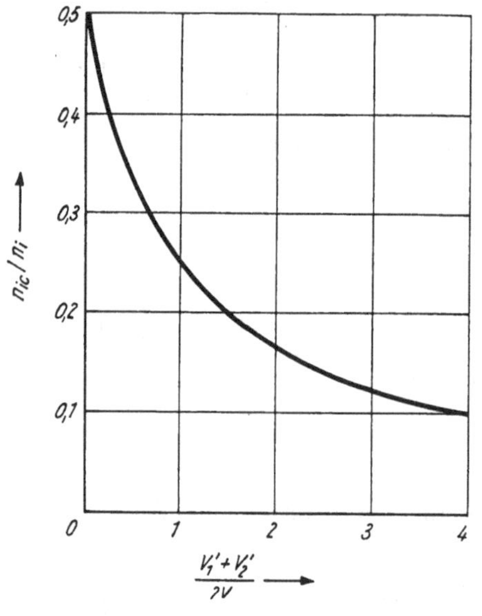

Fig. 5. Vapour concentrations of the initial elements in the growth region versus the relation between the main and additional gas flows

Thus, the use of additional flows makes it possible to control the concentration of each element in the growth zone, i. e. to change the supersaturation of the initial elements without changing their ratio (Fig. 5).

2) Of special interest is the case when the ratio of the main and the additional flows may change, but the total flows at their entries into the reaction region are equal in magnitude and constant, i. e.

$$v_{10} + v_1' = v_{20} + v_2' = v = \text{const.}$$

Then the vapour concentration in the growth zone

$$n_{1c} = \frac{n_1}{2v} v_{10}, \quad n_{2c} = \frac{n_2}{2v} v_{20}. \tag{2}$$

As eqs. (2) show, the vapour concentration of each element depends only on the transport gas flow above this element (Fig. 6).

Thus, in the case being considered it is possible to control independently the vapour concentration of each element in the growth region, and each concentration is linear with the respective main flow of the inert gas.

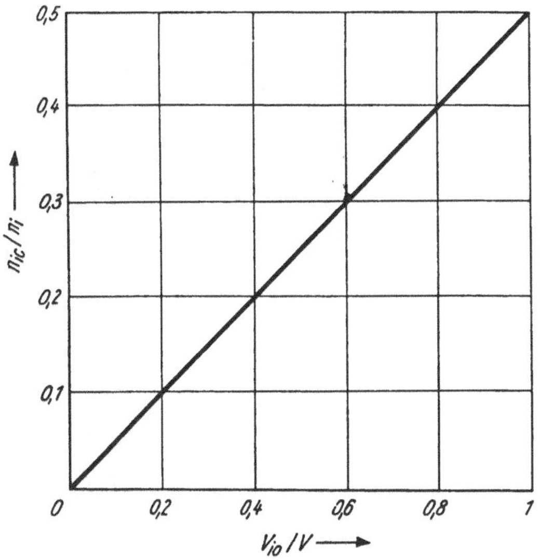

Fig. 6. Vapour concentrations of the initial elements in the growth region versus the relation between the main and total gas flows at $v_{10} + v_1' = v_{20} + v_2' = v =$ const

4. Conclusions

Gaseous control of vapour concentrations in the crystal synthesis has the following advantages over the temperature control which is usually used:

1) The gaseous control (with the additional inert gas flows) is based on the linear dependence of the vapour concentration on the main transport gas flow and makes it possible to control independently the concentration of each initial element in the reaction zone.

2) The gaseous control is not nearly so inertial as the temperature control. It enables the operator to change rapidly the conditions in the growth region. The results of our experiments on CdS and CdSe crystal synthesis with additional gas flows have shown that even in the cases of the deliberate changes in the temperature conditions which leads usually to negative results, our arrangement with additional flows makes it possible to prepare crystals of a good quality.

It is clear, that even using the gaseous control, it is necessary to choose the evaporation temperatures properly. The gaseous control is more delicate as compared with the temperature control. The gaseous control is efficient only in the case when the evaporation temperatures are close to the optimal ones.

3) With the gaseous control the evaporation temperatures are held constant. It requires the simpler apparatus as compared with the apparatus for the programme temperature control. Besides, at temperature control the change-over from one technological operation to another one is slow, which has a detrimental effect on crystal quality.

References

BISHOP, M. E., LIEBSON, S. H.: J. appl. Physics **5**, 24 (1954)
BULAKH, B. M.: J. Crystal Growth **5, 243** (1969)
HÖSCHL, P., KOŇÁK, Č.: Czech. J. Physics **13 B**, 364 (1963)

(Received June 9, 1970)

Authors' address:

B. M. BULAKH, G. S. PEKAR
Institute of Semiconductors,
Academy of Sciences of the Ukrainian SSR
Prospect Nauki 115
Kiev — 28
USSR

Kristall und Technik	6	1	1971	65–68

J. C. JOUBERT, J. MULLER

Laboratoire d'Electrostatique et de Physique du Métal, C.N.R. S., Grenoble

C. FOUASSIER, A. LEVASSEUR

Laboratoire de Chimie Minérale de la Faculté des Sciences de Bordeaux

Preparation of Ni Boracite Crystals by Hydrothermal Synthesis

Ni boracite crystals with the general formula $Ni_3B_7I_{1-x}(OH)_xO_{13}$ have been prepared by hydrothermal synthesis. The experimental conditions are given along with some characteristics of the crystals obtained.

Nickel-Borazit-Kristalle der allgemeinen Formel $Ni_3B_7I_{1-x}(OH)_xO_{13}$ wurden hydrothermal gezüchtet. Es werden die experimentellen Bedingungen und einige charakteristische Merkmale der erhaltenen Kristalle bekanntgegeben.

1. Introduction

Boracites are compounds with the composition $M_3B_7O_{13}X$ where M stands for a bivalent cation and X for one of the halogen Cl, Br or I.

The structure of natural boracite $Mg_3B_7O_{13}Cl$ has been investigated by ITO, MORIMOTO and SADANAGA. It is characterised by a tridimensional rigid frame of the borons and oxygens, where part of the boron is tetracoordinated. The bivalent cation is surrounded by 4 O^{--} and two halogen X^-, constituting an irregular octahedra. The space group of the cubic phase is F $\bar{4}$ 3c.

Most of the boracites undergo a ferroelectric transition. This was first pointed out by Le CORRE and confirmed by ASCHER, SCHMID and TAR.

The distinction between the high and low temperature phases of boracite consists in the displacement in the low temperature phase of the M^{2+} cations towards one of the halogen anions.

ITO, MORIMOTO and SADANAGA show the low temperature form to be orthorhombic with the space group C_{2v}^5-Pca.

Recently, SCHMID and TROOSTER discovered a new phase at lower temperatures in several boracites. Evidence for trigonal symmetry in this new phase was obtained by Mössbauer effect.

Extensive work has recently been done on Ni-B-I boracite, an interesting member of the family. In the low temperature ferroelectric form, this compound undergoes an antiferromagnetic to weak ferromagnetic transition (SCHMID, RIEDER and ASCHER), resulting in the apparition of magnetoelectric properties (KACZER, SHALNIKOVA and HAUPTMAN; ASCHER, RIEDER and SCHMID).

More recently, QUEZEL and SCHMID showed that several boracites, namely Fe-Cl, Fe-Br, Fe-I, Co-Cl, Co-Br, Co-I, Ni-Cl, Ni-Br and Cu-Br, behave as weak ferromagnets at low temperature, with magnetic momentum approaching sometimes 10% of the absolute saturation value.

2. Preparation of boracites

Boracites have been investigated for almost one century. Varied methods have been used for their preparation:

JONA prepared several boracites using the flux method. De GRAMONT used the method of hydrothermal synthesis in the preparation of Mg-Cl boracite. ROUSSEAU and ALLAIRE obtained chloroboracites by vapor transport.

The most successful method was described by SCHMID who prepared no less than 30 different boracites in single crystal form by vapor transport.

In order to test the efficiency of the hydrothermal method in the preparation of boracites, we decided to attempt the synthesis of the interesting Ni-I boracite.

In a preliminary attempt we heated at various temperatures a mixture of composition

$$3\,NiO + I + 7\,BH_3O_3 + \text{Water}$$

in sealed gold tubing. Depending on the amount of water enclosed in the capsule, the pressure in the bomb was calculated to match the pressure inside the capsule[1]). All the attempts were unsuccessful: in most of the runs, gold was strongly attacked by the solution (presumably by I H) and very nice gold crystals were deposited by chemical transport in the cooler part of the capsule[2]).

Going back to the method used by DEGRAMONT we heated a mixture of composition:

$$3\,Ni\,I_2 \cdot 6H_2O + 2\,B_4Na_2O_7 + \text{water}$$

at different temperatures ranging from 200 °C to 700 °C. The pressure applied to the capsule varied from 2000 to 28000 PSI. In several runs boracite crystals could be obtained, but in most of the cases plaquets of a very light black metallic water soluble unidentified compound were obtained as the main phase.

A modification of the method allowed us to prepare large amounts of regular shaped boracite crystals.

The method consists in heating for two days under a few thousands PSI a mixture of composition:

$$3\,Ni\,I_2 \cdot 6H_2O + 2B_4Na_2O_7 \cdot 10H_2O$$

with no or very little water.

It is very important not to add too much water, in order to prevent the formation of the black metallic unidentified compound. Some other phases coexisted (INa, INa · $2H_2O$) which are generally soluble in hot water and thus easy to eliminate.

---

[1]) We used a commercial Basset facility and 12 mm internal diameter bombs.

[2]) Hydrothermal growth of large gold crystals in I H containing water was very recently successfully performed at Philips-Zentrallaboratorium in Aachen (BRD) by RABENAU and RAU.

In the course of our investigation, we made the following observations:

— if a mixture of the above composition is heated for two days at temperatures ranging from 250 °C to 350 °C, a large amount of yellow-green bright transparent boracite crystals are obtained. They appear to be almost perfect cubes having an average dimension of 0.2 mm. They are surrounded by a bath of sparkling green yellow liquid containing a lot of tiny boracites microcrystals.

— if the same mixture is heated at temperatures ranging from 350° to 450 °C, dark green boracites crystals are obtained. They are not so numerous, but are very regular in shape. the single crystal cubes having an average dimension of 0.5 to 1 mm.

— if the mixture is heated between 450 and 550 °C, only a few boracites crystals can be obtained. They are completely dark, about 1 to 2 mm in size, and have the shape of a cuboctahedra. In addition with the crystals, one obtains a large amount of the metallic phase.

3. X-ray analysis

The X-rays patterns of tiny powdered crystals corresponding to the different runs are very similar in the position of the lines as well as the cell dimensions but are quite different in intensities. This result, along with the change in colour, takes us to the conclusion that the crystals may not be pure Ni · I boracite, but presumably are mixed compounds with the general formula

$$Ni_3B_7O_{13}I_{1-x}(OH)_x$$

where x decreases with the temperature and is probably very small above 500 °C. The infrared analysis of the different crystals will help us to confirm this hypothesis. Table 1 gives the powder pattern of finely ground boracite crystals obtained on a diffractometer using λCuKα. The typical experimental conditions were: 3.15 g $NiI_2 \cdot 6H_2O$ are enclosed in a sealed gold tubing with 1.9 g $Na_2B_4O_7 \cdot 10H_2O$ and 0.5 cc^3 water. The 10cc^3 capsule is kept at 270 °C under a pressure of 4000 PSI. After two days, a great quantity of yellow green transparent boracite crystals are obtained, soaking in a bath of a green sparkling liquid. The crystals can be separated by washing the mixture a few minutes in warm water. They appear to be perfect cubes, a few of them being twinned.

More recently the hydrothermal method was successfully used in the synthesis of pure $Mn_3B_7O_{13}X$ boracites, where X stands for I, Br, Cl and of new hydroxyboracites, namely Mn-B-OH, Mg-B-OH, Fe-B-OH. The results will be published elsewhere.

4. Conclusion

These preliminary results are most encouraging and allow us to think that larger boracite crystals can be obtained by hydrothermal sysnethesis. As a part of the halogen can be substitued by $(OH)^-$, depending on the experimental conditions, crystals will have to be carefully analysed, either by chemical and infrared techniques before extensive physical measurements be attempted.

Table 1
Diffractometra (λ CuK α) of $Ni_3B_7O_{13}\,I_{1-x}\,(OH)_x$
prepared at 270 °C: a = 12, 073 ± 0.005 Å

$h\ k\ l$	$d_{obs.}$	$I_{obs.}$	$h\ k\ l$	$d_{obs.}$	$I_{obs.}$
2 0 0	5.98	59	8 4 4	1.229	10
2 2 0	4,24	4	10. 0. 0 / 8 6 0	1.204	2
2 2 2	3.46	4	10. 2. 2 / 6 6 6	1.157	
4 0 0	2.99	100	9 5 3	1.122	2
4 2 0	2.68	36	10. 4. 0 / 8 6 4	1.118	3
4 2 2	2.45	10	10. 4. 4 / 8 8 2	1.048	3
4 4 0	2.12	25	12. 0. 0 / 8 8 4	1.004	20
5 3 1	2.03	10	12. 4. 0	0.952	6
6 0 0 / 4 4 2	2.00	25	12. 4. 2	0.940	10
4 4 3	1.897	3	12. 4. 4	0.908	3
6 2 2	1.812	2	10. 8. 4 / 12. 6. 0	0.897	3
4 4 4	1.738	26	8 8 8	0.869	5
6 4 0	1.668	10	14. 0. 0	0.860	11
6 4 2	1.610	3	10. 10. 0 / 14. 2. 0	0.851	5
7 3 1 / 5 5 3	1.567	2	12. 8. 0	0.835	3
8 0 0	1.504	40	14. 4. 0	0,827	3
8 2 0 / 6 4 4	1.459	13	10. 10. 4	0.820	3
8 2 2 / 6 6 0	1.416	2			
8 4 0	1.346	10			
8 4 2	1.314	3			

References

ASCHER, E., RIEDER, H., SCHMID, H., STÜSSEL, A.: J. appl. Physics **37**, 3, 1404 (1966)
ASCHER, E., SCHMID, H., TAR, D.: Solid State Commun. **2**, 45 (1964)
DEGRAMONT, A.: Bull. Soc. Min. **13**, 245 (1890)
ITO, T., MORIMOTO, N., SADANAGA, R.: Acta Crystallogr. **4**, 310 (1951)
JONA, F.: J. Physic. Chem. **63**, 1750 (1959)
KACZER, J., SHALNIKOVA, T., HAUPTMAN, Z.: J. appl. Physics, **39**, 2, 429 (1968)
LE CORRE, Y.: J. Physique Radium **18**, 629 (1957)
QUEZEL, G., SCHMID, H.: Solid State Commun. **6**, 447 (1968)
RABENAU, A. RAU, H.: Chemical and Engineering News, 35 (1968)
ROUSSEAU, G., ALLAIRE, H.: C. R. **116**, 1195 (1893)
SCHMID, H.: J. Phys. Chem. Solids **26**, 973 (1965)
SCHMID, H., RIEDER, H., ASCHER, E.: Solid State Commun. **3**, 327 (1965)
SCHMID, H., TROOSTER, J. M.: Solid State Commun. **5**, 31 (1967)

(Received April 25, 1970)

Authors' address:

J. C. JOUBERT
J. MULLER
L. E. P. M., C. N. R. S.
CEDEX N° 166 — 38 — Grenoble-Gare (France)
C. FOUASSIER
A. LEVASSEUR
Laboratoire de Chimie Minérale de la Faculté des Sciences
33 — Bordeaux (France)

Kristall und Technik | 6 | 1 | 1971 | 69–76

J. WEIS

Zentralinstitut für Physikalische Chemie der Deutschen Akademie der Wissenschaften zu Berlin, Berlin-Adlershof

Über das Wachstumsverhalten kleiner Impfkristalle von Ammoniumdihydrogenphosphat in einer modifizierten Zirkulationsapparatur

Mit Hilfe einer modifizierten Zirkulationsapparatur wird das Wachstumsverhalten kleiner Impfkristalle von Ammoniumdihydrogenphosphat (ADP) in unterschiedlichen Lösungen untersucht. Die gemessenen Verschiebungsgeschwindigkeiten (VG) werden mit Werten aus der Literatur verglichen und die Ursachen für Unterschiede im Wachstumsverhalten der ADP-Kristalle diskutiert. Es wird über den Einfluß von Kobaltnitratzusätzen in der Wachstumslösung auf die Verschiebungsgeschwindigkeit und die Verunreinigung des Kristallisates berichtet. Ein spezieller Kristallhalter für die Zirkulationsapparatur wird beschrieben.

We have investigated the crystal growth of small seed crystals of $NH_4H_2PO_4$. The crystal growth was measured by a modified circulation apparatus. The measured values are compared with those by other investigators and the reasons of differences in crystallization discussed. The influence of cobalt nitrate in solution on crystallization velocity and the impurity in crystals was investigated. A new crystal holder in the apparatus is described.

1. Einleitung

Wir ließen kleine, von optischen Störungen freie und idiomorphe Impfkristalle von Ammoniumdihydrogenphosphat (ADP) in einer Apparatur nach dem Zirkulationsverfahren isotherm wachsen. Es wurde nicht aus sog. Z- bzw. A-Schnitten nach der „capping“-Methode gezüchtet. Bei dieser technisch bedeutungsvollen Züchtungsmethode messen die Impfkristalle bereits mehrere Zentimeter und werden einer tiefgreifenden mechanischen Bearbeitung unterworfen (GÜLZOW 1965). In der Literatur finden sich nur wenige Angaben über das Wachstumsverhalten kleiner ADP-Kristalle von $\approx 1\ mm^2$ Querschnitt (vgl. JÓZEFOWICZ et al.; YAMADA et al.). Außerdem schien es uns bemerkenswert, daß trotz der ähnlichen Züchtungsbedingungen bei mehreren Autoren z. B. die Verschiebungsgeschwindigkeiten (VG) der Kristallflächen große Unterschiede zeigen. Aus diesem Grunde ließen wir die kleinen Impfkristalle unter angepaßten Versuchsbedingungen wachsen. Der Zusatz von Fremdionen zu einer Wachstumslösung führt häufig zu einer Veränderung und in der Regel zur Erniedrigung der VG. Einer ADP-Lösung können Kobaltsalze in großer Konzentration zugesetzt werden. In diesem Zusammenhang sollte untersucht wer-

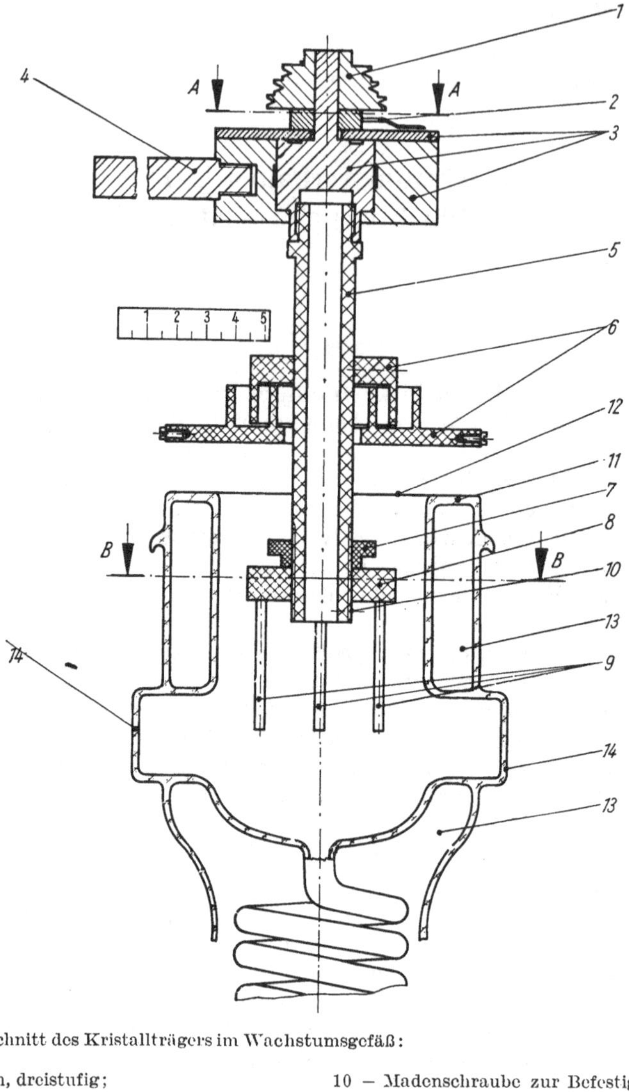

Fig. 1. Längsschnitt des Kristallträgers im Wachstumsgefäß:

1 – Keilreimen, dreistufig;
2 – Stellungszeiger;
3 – Wellenlagerung aus Messing;
4 – Halterung;
5 – Welle aus Piacryl mit polierter Bohrung zur Aufnahme des Thermometers;
6 – Deckel des Wachstumsgefäßes mit Flüssigkeitsverschluß;
7 – Kontermutter aus Vinidur;
8 – Platte aus Piacryl für die Kristallhalter;
9 – Kristallhalter;
10 – Madenschraube zur Befestigung des Thermometers;
11 Wachstumsgefäß aus Glas;
12 – plangeschliffene Fläche;
13 – Heizmantel;
14 – Optische Glasscheiben;
15 – Abfluß für die Lösung;
16 – Scheibe mit Gradeinteilung;
17 – Abfluß vom Heizmantel;
18 – Madenschraube

den, in welcher Weise die Zugabe von Kobaltsalz als Lösungsgenosse die VG beeinflußt und in welchem Umfang Kobalt als Mikrokomponente bei der Massenkristallisation im ADP auftritt. Für die Züchtung benutzten wir eine Zirkulationsapparatur, die uns besonders für die Versuche mit kleinen Impfkristallen geeignet erschien. Es war für unsere Arbeit notwendig, diese Apparatur durch einen speziellen Kristallträger zu verbessern.

2. Experimentelles

Die Apparatur wurde mehrfach beschrieben (Bliznakov, Kirkova; Steinike 1962 u. 1969). Erste Versuche, bei denen ein einzelner Impfkristall bewegungslos und auf einem Trägerstab festgekittet ins Wachstumsgefäß hineinragte, führten zu unreproduzierbaren VG-Werten (vgl. Kunisaki). Deshalb züchteten wir isotherm Impfkristalle aus einer 30 °C gesättigten Lösung, die 3×10^{-3} Mol $AlCl_3 \cdot$ aqua/l ent-

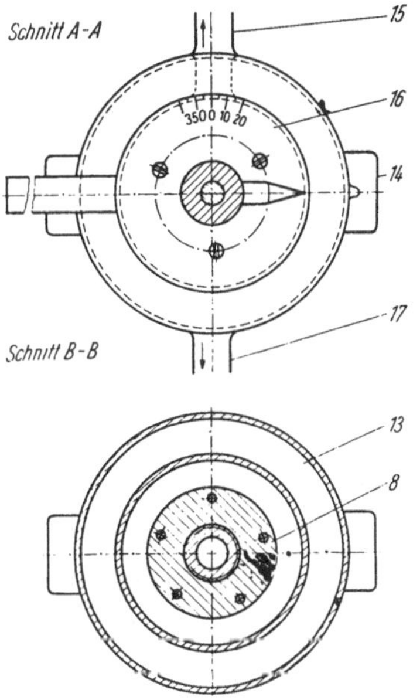

Fig. 2. Querschnitt zu Figur 1

Fig. 3. Projektion eines wachsenden ADP-Kristalls (40 ×)

hielt. Diese Impfkristalle waren frei von optisch sichtbaren inneren Störungen (Vergrößerung 100 ×) und enthielten $< 10^{-6}$ g Al/1 g ADP. Außerdem wurde für gleichzeitiges Züchten von fünf Kristallen ein Träger entwickelt (vgl. Figg. 1–2). Die Kristallhalter in der Platte sind verstellbar und erlauben genaue kantenparallele Justierung im Lichtstrahl. Die Kristalle werden bei der Projektion ≈ 40-fach vergrößert. Eine Fotografie zeigt Figur 3.

Durch die vergrößerte Abbildung der Kristalle ist es leicht, den Gleichgewichtspunkt der Lösung zu finden. Die Schlierenmethode dagegen erfordert mehrere Zehntel °C Abweichung (Kunisaki).

Für die programmgesteuerte Rotation des Kristallträgers in beiden Drehrichtungen mit drei stufenweise steigenden Geschwindigkeiten und über einen Umkehrmotor wurde ein Relaiseinschub entwickelt.

Der Kristallträger wurde auf Wachstumstemperatur vorgewärmt. Die Züchtungstemperatur war ± 0,05 °C und der pH-Wert aller Lösungen (Seibold-Elektrode) von 5,6—5,7 konstant.
Chemikalien: ADP p. A. Apolda (umkristallisiert)

$Co(NO_3)_2 \cdot 6H_2O$ p. A. UCB Belgien

3. Zusammenstellung und Diskussion der Ergebnisse

Bei der Züchtung von gleichzeitig fünf Impfkristallen kann leicht erkannt werden, wann einzelne Impfkristalle unregelmäßig wachsen (vgl. Figuren 4—5). In Figur 4 wächst Kristall Nr. 2 zu Beginn des Versuches 1,6× und nach 43 Wachstumsstunden 3,4× rascher als der normale Kristall. Der Kristall Nr. 1 (Fig. 5) zeigt über 30 Stunden einen normalen VG-Wert. Danach wächst er 3,5× rascher.

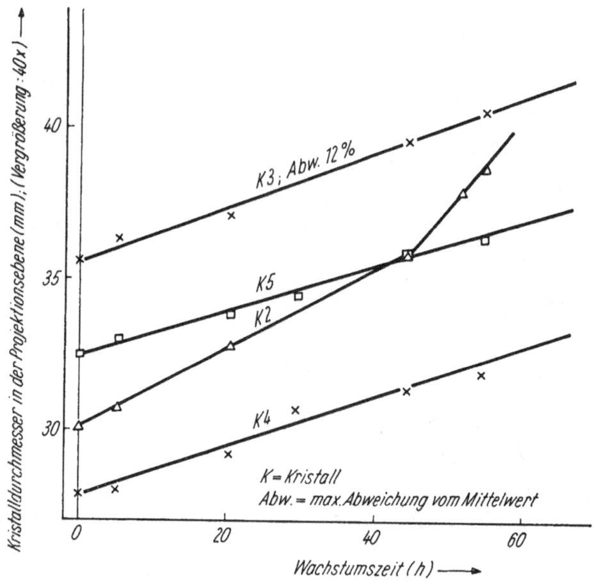

Fig. 4. Wachstumskurven für die ADP-Impflinge (Versuch 24)

Die VG-Werte aus den auswertbaren Geraden wurden gemittelt. Jene VG-Werte, die > 20% vom Mittelwert abwichen, wurden den unregelmäßig wachsenden Kristallen zugeordnet. Die Ergebnisse zeigen deutlich die Vorteile unserer Anordnung und die Problematik der Messung integraler VG-Werte.

Die VG-Werte für die Impflinge, die aus Al-Ionen enthaltenden Lösungen gewachsen waren, sind klein (vgl. Tab. 1). Diese niedrigen Werte können keinesfalls durch Al-Ionen verursacht sein, die durch Anlösen zu Beginn des Wachstums aus den Impflingen in die Apparatur geraten.

Unsere VG-Werte sind im diffusionsunabhängigen Bereich gemessen worden. Die Rotationsgeschwindigkeit der Kristalle mit dem Träger betrug 6,7 cm s^{-1}. Die VG-Werte waren ab 4,5 cm s^{-1} von der Rotationsgeschwindigkeit unabhängig.

Tabelle 1

Vergleich von Wachstumsversuchen für reines ADP

Literatur	Bewegung der Kristalle gegen Lösung ($cm\ s^{-1}$)	Kristall-durchmesser senkr. zur c-Achse (mm)	lfd. Nr.	VG der (100)-Flächen (mm/Tag)	Quotient der VG-Werte von lfd. Nr.	Herstellungsparameter und Bemerkungen
Yamada et al.	2,4	2	1	4,5	—	Ü = 2, T = 8
Kunisaki	5,5	10	2	0,031	(1 – 2) = 14,7	Ü = 0,5; T = 8; E
Kunisaki	5,5	10	3	0.305	—	Ü = 2,0; T = 8; E
Kunisaki	5,5	10	4	1,60	—	Ü = 2,0; T = 27,5; E
Kunisaki	5,5	10	5	2,10	(9 – 5) = 0,1	Ü = 2,5; T = 27,5; E
Weis I	6,7	1	6	0,017	(5 – 6) = 123	Ü = 2,5; T = 27,5
Weis II	6,7	5	7	0,043	—	Ü = 0,5; T = 29,5
Weis II	6,7	5	8	0,10	—	Ü = 1,5; T = 28,5
Weis II	6,7	5	9	0,21	(6 – 9) = 0,08	Ü = 2,5; T = 27,5; E

Zeichenerklärung:

Ü = Überschreitung in °C
T = Wachstumstemperatur in °C
E = Wert wurde aus der Arrhenius-Geraden extrapoliert unter Annahme der Gültigkeit des von Kunisaki angegebenen Zusammenhanges zwischen Wachstumsgeschwindigkeit u. Überschreitung im betrachteten Temperaturintervall
I = Impfkristalle aus Lösungen mit Al-Ionen
II = Impfkristalle aus industr. ADP-Züchtung

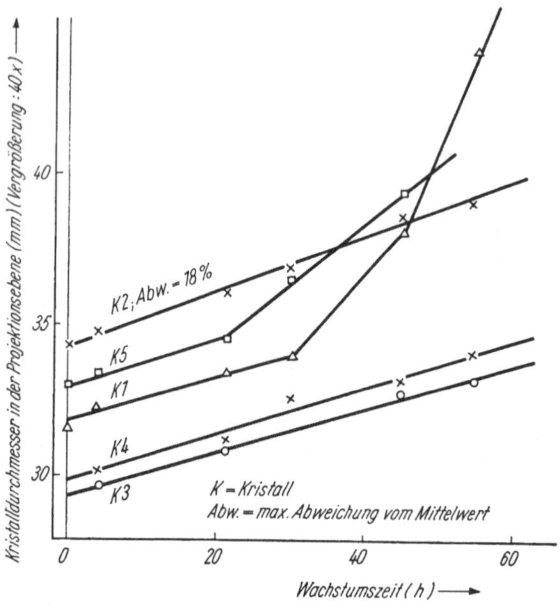

Fig. 5. Wachstumskurven für die ADP-Impflinge (Versuch 23)

In Tabelle 1 sind Züchtungsversuche zusammengestellt. Bei vergleichbarer Relativgeschwindigkeit wachsen z. B. bei YAMADA et al. die Impflinge $\approx 15\times$ rascher als bei KUNISAKI. Es ist zu beachten, daß bei 8 °C die VG wegen der Erniedrigung des Diffusionskoeffizienten und Erhöhung der Keimbildungsarbeit nach BLIZNAKOV kleiner sein sollte. Dagegen wachsen die Impflinge I $120\times$ langsamer als bei KUNISAKI trotz gleicher Temperatur.

Diese Vergleiche zeigen, wie stark die Impfkristalle durch ihre Realstruktur den Ablauf des Wachstums mitbestimmen. Die Auswahl der Impfkristalle erfolgte bei uns anhand der optischen Störungen im Kristall. Es ist allerdings zu beachten, daß diese optischen Störungen nicht eindeutig mit den Störungen in der Struktur korrelieren. Es können z. B. Kristalle mit hohen Versetzungsdichten optisch sauber wachsen, wenn die sog. kritische Wachstumsgeschwindigkeit nicht überschritten wird (GÜLOZW, GÜLZOW, LÜDKE; JÓZEFOWICZ et al.; GÜLZOW). Wir sehen jedoch in der unterschiedlich gestörten Realstruktur die Ursache für die großen Differenzen im Wachstumsverhalten. Unsere Impflinge aus Lösungen mit Al-Ionen müssen sich durch geringe Störungsdichte auszeichnen. Deshalb wachsen sie sehr langsam in einer reinen ADP-Lösung weiter. Es war wegen der geringen Abmessungen der Kristalle nicht möglich, die Realstruktur durch Ätzen (GÜLZOW, GÜLZOW, LÜDKE) oder Röntgentopographie (DESLATTES et al.) nachzuweisen.

3.1 Wachstumsbeeinflussung durch Kobaltsalz-Zusätze

KUNISAKI stellt bei geringer Konzentration von Kobaltionen $\leq$(10^{-2} Mol/l) in der ADP-Lösung keine Veränderung der VG fest. In unseren Versuchen nimmt die VG von (100) mit steigendem Kobaltnitratgehalt um den Faktor 1,7 zu (Fig. 6).

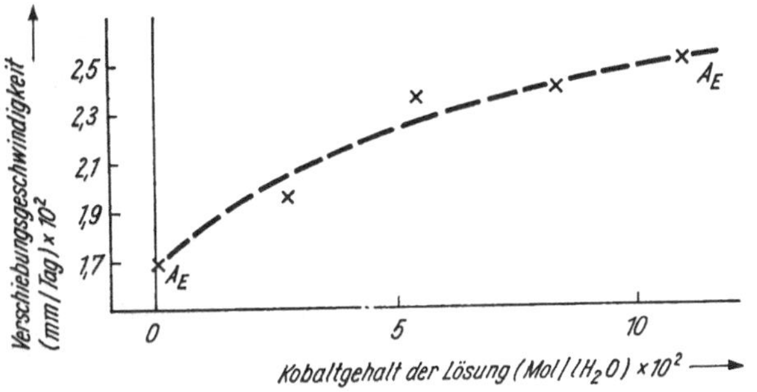

Fig. 6. Abhängigkeit der Verschiebungsgeschwindigkeit der 100-Flächen des ADP-Kristalls vom Kobaltgehalt der Lösung (Überschreitung 2.5 %)

Für die Flächen von ADP wirken Lösungsgenossen allgemein wachstumshemmend. In unserem Falle läßt die große Stabilität des Hexamminkobalt-Ions (pK 35 nach SEEL) auch bei großem Kobaltsalzzusatz eine nur wirkungslose Konzentration von $\leqq 10^{-8}$ Mol/l freien Kobaltionen zu.

Die VG wird in reiner Lösung z. B. durch Erhöhung des pH-Wertes vergrößert. Allerdings wäre für den Faktor 1,7 eine Veränderung um drei Einheiten notwendig. Unser pH-Wert war konstant. Durch die NO_3^--Ionen wird die VG ebenfalls nicht beeinflußt, wie das Zusätze äquivalenter Mengen HNO_3 zur ADP-Lösung zeigen.

Durch die Hexamminkomplex-Bildung werden bis zu 30% der NH_4^+-Ionen aus der Lösung eingefangen. Es kommt zur relativen Anreicherung der $H_2PO_4^-$-Ionen. Nach BYTEVA sind die Hydratationsenthalpien der ADP-Baugruppen in der Lösung wachstumsregulierende' Faktoren. Die Werte sind: $\Delta H_{NH_4^+} = -79$ kcal/Mol und $\Delta_{H_2PO_4^-} = -107$ kcal/Mol. Das Wachstum der (100)-Flächen ist durch den Einbau der $H_2PO_4^-$-Ionen bestimmt. Eine relative Anreicherung dieser Ionen in der Lösung steht in Einklang mit unserer Steigerung der $VG_{(100)}$.

Für Lösungen von reinem ADP und solche mit einer Kobaltkonzentration von $1{,}1 \times 10^{-1}$ Mol/l Lösung wurden die Aktivierugsenergien aus der Arrheniusbeziehung bei 2,5 °C Überschreitung zu 15 bzw. 17 kcal/Mol (Streuung $\pm$ 2 kcal/Mol) berechnet. Demnach ist der Wachstumsmechanismus des ADP durch den Zusatz des Kobaltsalzes nicht beeinflußt. Die Temperaturabhängigkeit unserer VG ist etwas steiler als bei KUNISAKI.

3.2 Einbau von Kobalt in den ADP-Kristall

Einige unserer Kristalle ließen wir mittels eines Elektronenstrahl-Mikroanalysators JXA-3A auf Kobalt untersuchen. Es war bei einer unteren Nachweisgrenze von 2×10^{-2}% kein Kobalt nachweisbar. Parallel dazu untersuchten wir die Mitfällung von Kobalt als Mikrokomponente bei der Massenkristallisation. Dazu wurde in einem Rundkolben eine bei 30 °C gesättigte Lösung (ADP + Kobaltnitrat) kontinuierlich täglich um 1 °C abgekühlt. Ein unkontrollierter spontaner Einsatz der Kristallisation im Kolben wurde durch Zusatz von etwa 100 mg sehr feinkristallinen ADP-Pulvers (Azetonfällung) verhindert. Die Bestimmung des Kobalt erfolgte kolorimetrisch als Ammoniumtetrarhodanokobaltat auf extraktivem Wege.

Für die Massenkristallisation konnte festgestellt werden: Die Konzentration des Kobalts im ADP steigt linear mit der Konzentration an Kobalt in der Lösung, d. h. es gilt ein konstanter Verteilungskoeffizient $D = 3,7 \times 10^{-3}$. Die Größe D ist definiert als Konzentration des Fremdstoffs im Kristall/Konzentration des Fremdstoffs in der Lösung (Schock). In $D \ll 1$ ist die starke und wegen der geometrischen Größenunterschiede von NH_4^+ und $[Co(NH_3)_5]^{2+}$ zu erwartende Tendenz zur Abreicherung des Kobalts im ADP zu erkennen. Der lineare Anstieg der Verteilungskurve ist durch Lösungsmitteleinschlüsse im Kristallisat erklärbar. Solche Einschlüsse treten als Schleier (veils) bei geringen Wachstumsunregelmäßigkeiten in ADP-Kristallen auf. Da die Massenkristallisation stets unter konstanten Bedingungen ablief, ist mit einer gleichbleibenden Dichte der Lösungsmitteleinschlüsse im Kristallisat und damit mit konstantem Verteilungskoeffizienten zu rechnen.

Frau Dr. U. Steinike danke ich sehr für Beratungen und Diskussionen. Ebenso danke ich Herrn G. Göritz für den Aufbau der Programmsteuerung und Herrn Dipl.-Min. Hj. Gülzow für ADP-Kristalle zu Versuchszwecken.

Literatur

Bliznakov, G., Kirkova, E.: Z. physik. Chem. **206** (1957) 271

Bliznakov, G. C. R.: Fortschr. Mineralogie **36**, 149 (1958)

Byteva, I. M.: In: N. N. Sirota et al., ed. Crystallization processes, New York 1966, S. 99

Deslattes, R. D. et al.: In: W. M. Mueller et al., ed. Adv. in x-ray analysis, Vol 8, 1964

Gülzow, G., Gülzow, Hj., Lüdke, W.: phys. stat. sol. **11**, 205 (1965)

Gülzow, Hj.: Kristall und Technik **1**, 411 (1966)

Józefowicz, E., Sobierajska, K.: Roczniki Chem. **42**, 585 (1968)

Kunisaki Yutaka: J. chem. Soc. Japan, Ind. chem. Sect. **60**, 987 (1957)

Schock, H. H.: Contr. Mineral. and Petrol. **13** (1966) 161

Seel, F.: Grundl. d. analyt. Chem. u. d. Chem. in wässrigen Systemen, Weinheim 1955, S. 329

Steinike, U.: U. anorg. allg. Chemie **317**, 186 (1962)

Steinike, U.: Habilitationsschrift, Humboldt-Universität Berlin 1969

Yamada Tamotsu, Koezuka Junji: Bull. Nagoya Inst. of Technol. **17**, 323 (1965)

(Eingegangen am 13. März 1970); erneuter Eingang am 15. Juni 1970)

Anschrift des Verfassers:

Dr. Josef Weis
Zentralinstitut für Physikalische Chemie der Deutschen Akademie der Wissenschaften zu Berlin
1199 Berlin-Adlershof
Rudower Chaussee 5

Kristall und Technik | 6 | 1 | 1971 | 77–83

S. S. Friedmann, N. S. Stepanova, A. W. Beljustin

Radio-physikalisches und physikalisch-technisches Forschungsinstitut der Universität Gorkij, UdSSR

Wachstumsschichten und andere Makrodefekte in aus wässerigen Lösungen gezüchteten KDP-Kristallen

An KDP-Kristallen werden Wachstumsschichten, „Verwerfungen" (Makroversetzungen) und die Blockstruktur mit Hilfe der Schlierenmethode, des Ultra- und Polarisationsmikroskops näher untersucht. Im Anwachsgebiet parallel {100} sind die grünlich erscheinenden Schichten mit einem erhöhten Fremdstoffeinbau gekoppelt. Die Schichten parallel {101} gehen in dem Fall auf Störungen im thermischen Ablauf zurück, wenn sie an der Spitze des Kristalls zusammenlaufen. Oft enthalten die Wachstumsschichten Einschlüsse von gestreckten kolloiden Partikeln. — Die beobachteten „Verwerfungen" (Makroversetzungen) enthalten Lösungs- und punktförmige Einschlüsse. Diese „Verwerfungen" sind Grenzen unabhängig voneinander wachsender Kristallteile, die mit der Bildung von Blöcken zusammenhängen.

Различными методами на примере кристаллов KDP исследованы слои роста, обросы, блочность. Рассмотрена природа указанных дефектов и установлена связь с условиями образования кризталлов.

1. Einführung

Wachstumsschichten und Mosaikstrukturen gehören zu den bekannten Typen von Makrodefekten in Kristallen.
Die vorliegende Arbeit dient der Untersuchung der Entstehung solcher und ähnlicher Defekte in Kristallen, die aus wässerigen Lösungen gezüchtet wurden. Als Beispiel wurde Kaliumhydrogenorthophosphat (KDP, Punktgruppe $\bar{4}2$ m) gewählt. Die Kristalle haben einen prismatischen Habitus, sind in [001]-Richtung gestreckt und von {100}- und {101}-Flächen begrenzt. Manchmal ließ sich ein zusätzliches unregelmäßiges Wachstum auf den Prismenflächen beobachten. In Abhängigkeit von der Reinheit der Substanz und vom p_H-Wert der Lösung entstanden nicht oder nur wenig keilförmige Kristalle.

Zur Untersuchung der mikroskopischen Realstruktur der Kristalle wurde die Schlieren- (Doladugina), ultramikroskopische (Melancholin, Guseva) und die Ätzmethode (Melešina et al.) herangezogen. Wir verwendeten Kristalle, die nach einer Methode von Beljustin und Stepanova erhalten wurden. In eine Lösung von KDP (p. A.) vom p_H-Wert 4,6–5,0 wurden bei etwa 30–50 °C Keimplatten von 25–35 mm Größe (Z-Schnitt) eingehängt. Sie waren poliert und von den Prismen- und Z-Schnittflächen begrenzt.

2. Wachstumsschichten parallel {100}

2.1 Beobachtungen mit Hilfe der Schlierenmethode

In X- und Y-Richtung beobachtet man in diesen Kristallen im Durchlicht mit Hilfe der Schlierenmethode Streifen, die den Prismen- und Pyramidenflächen parallel verlaufen. Das sind die Spuren der Wachstumsschichten. Bei der Stoffanlagerung auf (100), der durch eine grünliche Farbe gekennzeichnet ist (GAVRILOVA, KUSNEZOVA) sind die Streifen besonders scharf und gewöhnlich im gesamten Gebiet des Stoffansatzes enthalten (Fig. 1). An einigen Kristallen sind

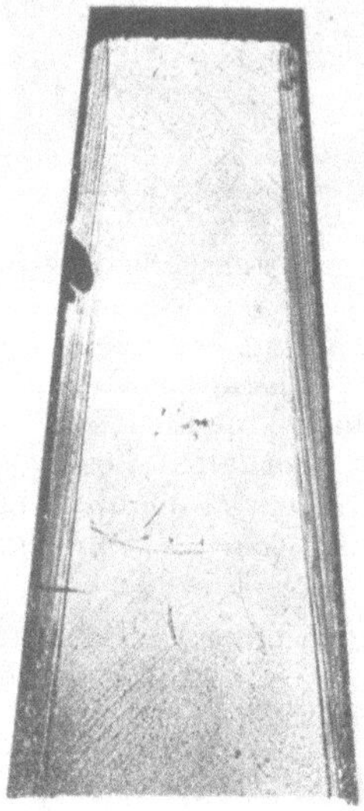

Fig. 1. Wachstumsschichten im KDP-Kristall (Schlierenmethode)

sie mit bloßem Auge erkennbar. Mitunter ist diese Inhomogenität als scharfer Farbunterschied einzelner Bereiche der Wachstumszone der Prismenflächen sichtbar. Es ließ sich kein Zusammenhang der Schichtenbildung mit den Störungen der Wachstumsbedingungen erkennen. Die Deutung ist allerdings schwierig, da das gesamte Wachstumsgebiet dieser Zone aus mehr oder weniger deutlichen Wachstumsschichten besteht. Es gibt auch keinen klaren Zusammenhang mit der An- bzw. Abwesenheit der sichtbaren Makrostufen auf der wachsenden (100)-Fläche. Die Schichten erstreckten sich parallel den Prismenflächen. Wenn der Kristall keilförmig ist, neigen sie sich entsprechend gegen die Z-Achse. Wenn der mit den Stufungen der Bipyramidenflächen (Akzessorien, Vizinalen) gekoppelte Auskeilungswinkel sich im Verlauf des Wachstums verringert, so reißen die Schichten ab, was zur Begradigung der Kristallbegrenzung führt. Eine solche Begradigung beobachtet man auch, wenn auf Grund einer Flächenstufe auf (101) eine Vertiefung in der Mitte der Prismenfläche (Fig. 2) auftritt.

2.2 Beobachtungen im Ultramikroskop

Im Ultramikroskop erscheint die Schicht beim Blick auf ihre Spur als leuchtende Linie mit einzelnen punktförmigen Einschlüssen. Wenn man auf die Schichtebene selbst blickt, dann erscheint sie als ununterbrochener leuchtender Be-

Fig. 2. Begradigung der Wachstumsschichten parallel der (100)-Fläche von KDP; unten Lösungsmitteleinschluß (Schlierenmethode; Z-Schnitt)

reich. Dieser Bereich ist beim Keim heller, schwächt sich aber zur Spitze hin ab, wo dann Sprünge erscheinen. Zugleich beobachtet man meist in der Nähe des Keims eine tiefere grüne Farbe.

Die verstärkte Schichtenbildung im Anwachsgebiet der (100)-Fläche ist danach offenbar mit dem erhöhten Fremdstoffeinbau in ⟨100⟩-Richtung und mit der quasiperiodischen Verteilung der Beimengungen in dieser Richtung verbunden. Zugleich findet hier möglicherweise auch ein Einbau der Beimengung ins Gitter statt.

3. Wachstumsschichten parallel {101}

3.1 Beobachtung mit Hilfe der Schlierenmethode

Die der (101)-Fläche parallelen Wachstumsschichten (s. Fig. 1) kommen oft, aber nicht immer vor. Die Dichte ihrer Aufeinanderfolge ändert sich stark sowohl von einem Kristall zum anderen als auch innerhalb desselben Kristalls. Die Schichtentstehung wird durch die Änderung der Wachstumsbedingungen begünstigt. In den Kristallen, die bei unzureichender Thermostatierung gezüchtet wurden, zeigte sich eine große Zahl von Schichten. Diese Störungen kann man sicher als eine Ursache der Schichtentstehung betrachten, wenn sie während der Züchtung im Thermostaten an der Spitze in einem Punkt zusammenlaufen. Das findet aber nicht immer statt, wie z. B. Figur 1 zeigt. Dieser Umstand weist auf eine wesentliche Rolle der individuellen Flächeneigenschaften, hier ihrem Stufenrelief — hin. Auf ein und demselben Kristall kann es sich für verschiedene Flächen zeitabhängig verändern.

Daß die der Wachstumsbedingungen nicht die alleinige Ursache der Schichtentstehung ist, zeigen auch andere Beobachtungen. Die Schichten entstehen gewöhnlich in der Nähe des Keimes, obwohl die Wahrscheinlichkeit der Störung der Wachstumsbedingungen sich zeitlich nicht verändert. Häufig verlaufen die Schichten nicht bis zur Spitze. Manchmal schließt die Wachstumsschicht sichtbare Verunreinigungen ein.

Mit Hilfe der Schlierenmethode sind die Wachstumsschichten im oberen Teil des Kristalls im ordentlichen und im unteren Teil des Kristalls im außerordentlichen Strahl zu beobachten.

3.2 Beobachtungen im Ultramikroskop

Bei Betrachtung der Kristalle im Ultramikroskop in X- und Y-Richtung beobachtet man oft im Strahl eines He-Ne-Lasers an den Stellen, wo durch die Schlierenmethode die Wachstumsschichten nach (101) sichtbar sind, die aus einzelnen Punkten und einem hellen Grund bestehenden leuchtenden Streifen. Auf einigen Kristallen kann man nur eine helle Schicht ohne Punkte erkennen. In Z-Richtung ist entsprechend die leuchtende Fläche der Bipyramide zu sehen, die manchmal aus einzelnen der Kante [100] parallelen Streifen besteht (Fig. 3).

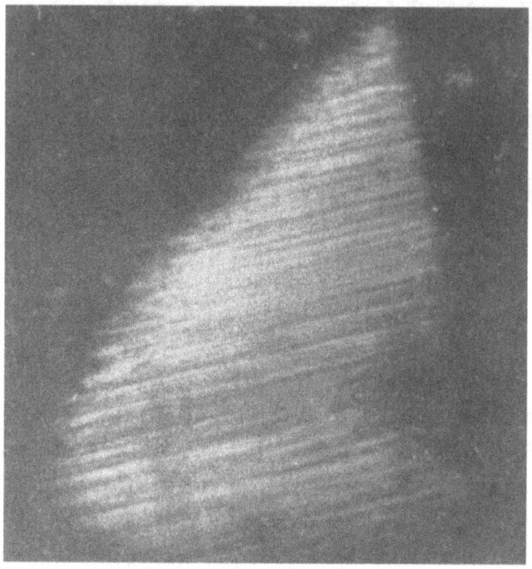

Fig. 3. Die Streifung der Wachstumsschicht nahe der [111]-Kante parallel der (101)-Fläche von KDP (im Ultramikroskop)

Nahe der Spitze der (101)-Fläche (Fig. 3) ist die Streifung feiner, an der Basis dieses dreieckigen Flächenbereiches werden sie allmählich rauh und gehen in einen dichten strukturierten leuchtenden Bereich über. Die Ränder der leuchtenden Fläche sind heller als die angrenzenden Teile, was die vorliegenden Angaben über den aktiveren Einschluß der Beimengungen an den Kristallkanten bestätigt (LEMMLEIN; LANG, MIUSKOV). In den Kristallen erscheinen gelegent-

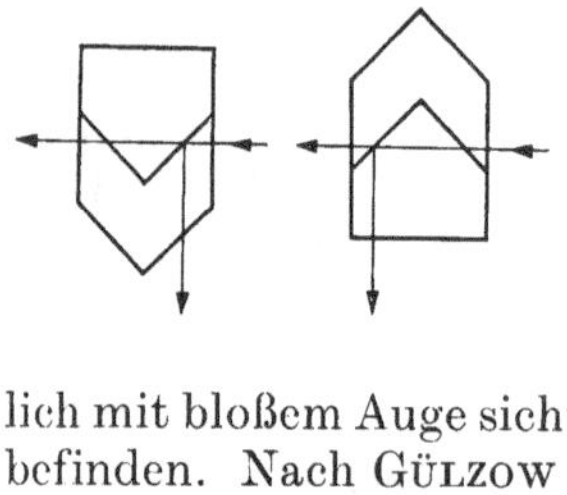

Fig. 4. Anordnung zur Beobachtung der (101)-Fläche von KDP im Ultramikroskop

lich mit bloßem Auge sichtbare Trübungen, die sich im Bereich der Prismenfläche befinden. Nach GÜLZOW et al. sind dies Anhäufungen von kolloidalen Beimengungen. Ihr Aussehen im Ultramikroskop stimmt gut mit den oben beschriebenen Erscheinungen überein. Dieser Befund gestattet die Schlußfolgerung, daß die Wachstumsschichten Beimengungseinschlüsse enthalten.

Um den Wachstumsbereich der Pyramide zu untersuchen, muß man sie, wie in Figur 4 gezeigt wird, in bestimmter Weise zum Lichtbündel aufstellen. Wenn die Kristallspitze nach oben zeigt, kann man die dem Bündel nächste Fläche betrachten, zeigt sie nach unten, so ist die entfernt liegende Fläche sichtbar.

Manchmal kann man, wenn auch sehr schwach, gegenüberliegende Flächen bemerken. Die dem Bündel parallelen Flächen sind aber niemals zu erkennen. Das läßt sich dadurch erklären (Schifrin), daß die die leuchtende Schicht bildenden Teilchen keine Kugelform haben. Bei Lösungseinschlüssen ist das z. B. der Fall bei gleichartig orientierten Bläschen gestreckter Form.

Es läßt sich somit sagen, daß die Wachstumsschichten in den {100}- und {101}-Flächen Einschlüsse gestreckter Form und wahrscheinlich gleichartig orientierter Kolloidbeimengungen darstellen.

4. „Verwerfungen" (Makroversetzungen)

4.1 Beobachtung mit Hilfe der Schlierenmethode

Manchmal bemerkt man zusammen mit den Wachstumsschichten „Verwerfungslinien" (Fig. 5), die meist gerade oder selten gekrümmt sind. Sie bilden mit den Wachstumsschichten verschiedene Winkel, oft nahe 90°. Die Wachstumsschichten sind auf einer Seite der „Verwerfung" intensiver als auf der anderen, und sind in Z-Richtung gegeneinander versetzt.

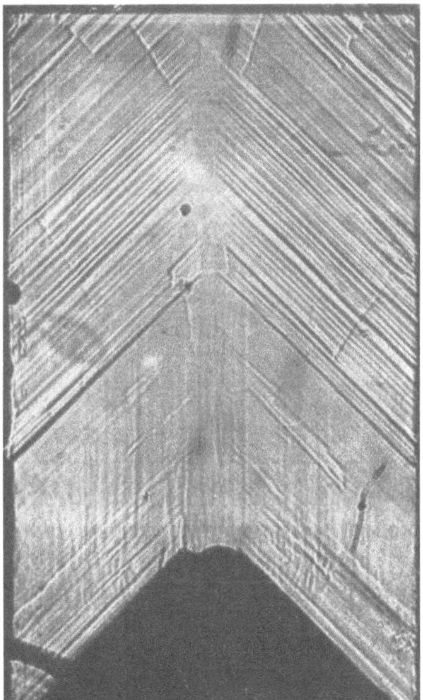

Fig. 5. Wachstumsschichten „Verwerfungen" (Makroversetzungen) und Blockgrenzen in einem KDP-Kristall mit starken Störungen (Schlierenmethode)

Die Absorption des ultravioletten Lichtes auf den beiden Seiten der „Verwerfung" ist in den mit verschiedenen Beimengungen gezüchteten Kristallen verschieden.

4.2 Mikroskopische und ultramikroskopische Beobachtungen

Bei der Prüfung im Mikroskop und Ultramikroskop zeigt sich, daß entlang dieser Störungslinien Lösungs- und Punkteinschlüsse erscheinen. Die „Verwerfung" ist also eine Grenze unabhängig von einander wachsender Kristallteile, die ihrerseits mit der Bildung der großen Blöcke verbunden sind. Es gibt auch andere Ursachen für die Blockstruktur. Manchmal beobachtet man mit Hilfe der Schlierenmethode die von einer regenerierten Pyramide mit verschiedenen Winkeln zur Z-Achse ausgehende Begrenzungsflächen der Blöcke, die den X(Y)- und Z-Richtungen parallel liegen. Diese Ebenen verlaufen entweder zu den Prismenflächen oder reißen ab (Fig. 5). In den Blockgrenzen erscheinen oft Einschlüsse und Risse. Entlang dieser Grenzen bilden sich beim Ätzen kleine Ketten von Ätzgruben.

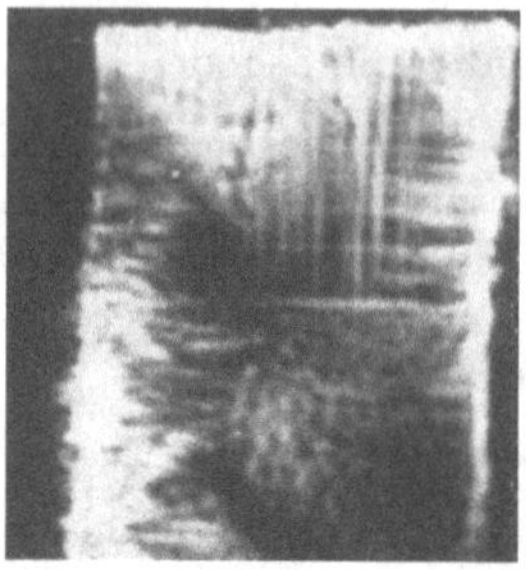

Fig. 6. Blockstruktur im oberen Teil eines KDP-Kristalls (gekreuzte Polarisatoren, Z-Schnitt)

Bei Betrachtung zwischen gekreuzten Polarisatoren sind sie ähnlich den von INDENBOM und TOMILOVSKIJ für solche Makroversetzungen beschriebenen Rosetten. Bei Neigung der Z-Achse zur Bündelachse kann man verschiedene Auslöschungsgebiete zwischen den Blockgrenzen beobachten. In der Mitte des Kristalls (30—40 mm vom Keim entfernt) zeigt sich keine durch optische Methoden nachweisbare Blockabsonderung. Die Blöcke erscheinen wieder nahe der Spitze; ihre Größe ist aber geringer, mit weniger deutlichen Grenzen (Fig. 6). Hier beobachtet man keine Sprünge. In den Kristallen gibt es also keine ununterbrochene Ausbildung von Makroblöcken, wie z. B. in Rubinkristallen (AGEVEJA u. a.)

5. Schlußbemerkung

Die dargestellten Ergebnisse bestätigen die Leistungsfähigkeit der benutzten Methoden für die Aufklärung der Ursachen der Makrodefekte und ihre Besonderheiten. Die Unterschiede in der Natur der Wachstumsschichten verschiedener Orientierungen lassen sich erkennen. Ebenso können die Natur der „Verwerfungen" und ihr Zusammenhang mit der Blockstruktur beschrieben werden.

Literatur

AGEJEVA, L. E., ABAJEV, M. I., KOLJADIN, A. J.: FTT **10**, 1089 (1968)
BELJUSTIN, A. W., STEPANOVA, N. S.: Kristallografija **10**, 743 (1965)
DOLADUGINA, W. S.: Rost kristallov **3**, 481, Moskau 1961
GAVRILOVA, I. W., KUSNEZOVA, L. I.: Rost kristallov **4**, 85, Moskau 1964
GÜLZOW, G., GÜLZOW, HJ., LÜDKE, W.: phys. stat. sol. **11**, 205 (1965)
IDENBOM, W. L., TOMILOVSKIJ, G. E.: Kristallografija **2**, 190 (1957)
LANG, A. R., MIUSKOV, W. F.: Rost kristallov **7**, 133, Moskau 1967

LEMMLEIN, G. G.: Sektorialnoe stroenie kristallov, Moskau-Leningrad 1948
MELANCHOLIN, N. M., GUSEVA, I. N.: Kristallografija 8, 884 (1963)
MELEŠINA, W. A., TSCHERNYŠEVA, T. F., RUSSOVA, N. B.: Kristallografija **12**, 523 (1967)
SCHIFRIN, K. S.: Rassejanie sweta w mutnoy srede, Moskau 1951

(Eingegangen am 22. Dezember 1969; endgültige Vorlage am 2. Juni 1970)

Anschrift der Verfasser:

S. S. FRIEDMAN, N. S. STEPANOVA, A. V. BELJUSTIN
Radio-physikalisches und physikalisch-technisches wissenschaftliches Forschungsinstitut der Universität Gorkij
Gorkij, Ljadovstraße 25/14
UdSSR

Kristall und Technik | 6 | 1 | 1971 | 85—95

H.-H. EMONS, H.-H. SEYFARTH, E. STEGMANN

Technische Hochschule für Chemie „Carl Schorlemmer" Leuna-Merseburg
Sektion Verfahrenschemie, Anorganisch-technische Chemie

Zur Kristallographie von Doppelsalzen aus Calciumsulfat und Natriumsulfat

Bei Untersuchungen eines speziellen Schlammproblems in der Natriumsulfatfabrik wurde die Bildung metastabiler Doppelsalze aus Calciumsulfat und Natriumsulfat nachgewiesen (EMONS, STEGMANN). Im folgenden wird über Eigenschaften dieser Verbindungen und ihrer Zersetzungsprodukte berichtet, die mit Hilfe kristalloptischer, röntgenographischer, thermoanalytischer und IR-spektroskopischer Verfahren ermittelt wurden.

In the course of investigating a special slurry problem in the Na_2SO_4 production metastable double salts of calcium sulphate and sodium sulphate were detected (EMONS, STEGMANN). In this paper it is reported on the properties of these compounds and their decomposition products, determined by microscopic, X-ray, thermoanalytic, and IR-spectroscopic methods.

1. Einleitung

Bei der Glaubersalzherstellung aus NaCl und $MgSO_4$ traten wiederholt Störungen durch voluminöse, praktisch nicht sedimentierende Salzschlämme auf, die auf der Bildung metastabiler calcium- und natriumsulfathaltiger Doppelsalze durch Reaktion zwischen Calciumionen (aus dem Brauchwasser bzw. den zur Lösungsherstellung verwendeten Produktionsrückständen der Kaliindustrie) und der NaCl-$MgSO_4$-Lösung beruhten (EMONS, STEGMANN).

Die Existenzbedingungen dieser Doppelsalze wurden bisher vorzugsweise in magnesiumsalzfreien Lösungen untersucht. In dem interessierenden Temperaturbereich von 25—40 °C treten im Na-Salzreichen Gebiet neben Glauberit als metastabile feste Phasen Pentasalz $5\,CaSO_4 \cdot Na_2SO_4 \cdot 3\,H_2O$ und Bodenkörper mit einem gegenüber Glauberit höheren molaren Anteil an Na_2SO_4 auf (Tab. 1), die sich stets an Stelle von Glauberit abscheiden und bei Abwesenheit von Kristallisationskeimen nur eine sehr geringe Umwandlungstendenz zeigen.

Für die im ternären System Na^+, Ca^{++}, SO_4^{--}, H_2O gebildete Verbindung wurde von allen Autoren die bereits von FRITZSCHE bestimmte Zusammensetzung $CaSO_4 \cdot 2\,Na_2SO_4 \cdot 2\,H_2O$, „labiles Salz", bestätigt. Hingewiesen sei, daß dieses Salz von BENINGTON auch in natürlichen Mirabilit-Stalaktiten nachgewiesen wurde.

In NaCl-haltigen Lösungen erfolgte die Charakterisierung der vorliegenden Kristallisate als $CaSO_4 \cdot 2\,Na_2SO_4 \cdot 2\,H_2O$ oder $2\,CaSO_4 \cdot 3\,Na_2SO_4$ bzw. dessen Hydrate.

Tabelle 1

Doppelsalze aus Natriumsulfat und Calciumsulfat nach Literaturangaben (Molverhältnis $CaSO_4:NaSO_4$ wie $1: > 1$)

$CaSO_4 \cdot 2\,Na_2SO_4 \cdot 2\,H_2O$	$2\,CaSO_4 \cdot 3\,Na_2SO_4$
Fritzsche	Cameron, Bell, Robinson
D'Ans, Schreiner	Kolosov
Barre	
Hill, Wills	
Kydynov, Družinin	$2\,CaSO_4 \cdot 3\,Na_2SO_4 \cdot 3\,H_2O$
Lepeškov, Fradkina	Družinin, Lopina-Šendrik
Benington	(Vasilevskaja)
Cortelezzi, Carrica	
Block, Waters	
	Verbindungen mit einem molaren
$3\,CaSO_4 \cdot 5\,Na_2SO_4 \cdot 6\,H_2O$	Na_2SO_4-Verhältnis > 2
Sljusareva	Vasilevskaja

Obwohl bis zu den Untersuchungen Kolosovs angenommen wurde, daß es sich um die gleiche Substanz handelt, ließen unterschiedliche Brechungsindizes darauf schließen, daß verschiedene Verbindungen vorliegen. Kolosov sieht deshalb das $2\,CaSO_4 \cdot 3Na_2SO_4$ als Endglied einer Reihe von Doppelsalzen an, die sich gegenüber Glauberit durch einen höheren Na_2SO_4-Gehalt auszeichnen. Die Auffassung wird durch das Auffinden eines Minerals der Zusammensetzung $3\,CaSO_4 \cdot 5\,Na_2SO_4 \cdot 6\,H_2O$, „Hydroglauberit", (Sljusareva) gestützt.

Vasilevskaja findet sowohl im ternären als auch im quinären System Na^+, Ca^{++}, Mg^{++}, Cl^-, SO_4^{--}, H_2O hydratisierte Doppelsalze mit einem variablen Molverhältnis $CaSO_4:Na_2SO_4$ und nimmt an, daß einige dieser Phasen individuelle Verbindungen darstellen, während Salze mit sehr hohem Natriumsulfatgehalt offensichtlich feste Lösungen zwischen Thenardit und Doppelsalzen einfacher Zusammensetzung darstellen. Das „labile Salz" wurde nicht nachgewiesen, jedoch eine hydratisierte Verbindung mit dem molaren Verhältnis $2\,CaSO_4 \cdot 3\,Na_2SO_4$.

Da alle beschriebenen Verbindungen als sehr feine, verfilzte Nadeln auftreten, die stets Mutterlösung festhalten bzw. geringe Anteile der Ausgangsstoffe einschließen können, sind chemische Analysen und auch grafische bzw. algebraische Wege zur Ermittlung der Zusammensetzung problematisch.

Die von uns unter verschiedenen Bedingungen erhaltenen festen Phasen sollten deshalb kristallographisch charakterisiert werden, um dann Rückschlüsse auf die chemische Zusammensetzung zu ziehen.

2. Herstellung der Doppelsulfate

Die Doppelsalze wurden durch Umsetzung von Gips in den technischen Bedingungen entsprechenden NaCl-$MgSO_4$-Lösungen (≈ 95 g/l $MgSO_4$ und ≈ 275 g/l NaCl) bei 40 °C sowie in den von Kolosov bzw. Lepeškov und Fradkina angegebenen Gleichgewichtslösungen des quaternären Systems bei 25° bzw. 35 °C hergestellt und die abgetrennten Bodenkörper entweder direkt oder nach Waschen mit Alkohol-Wasser-Gemischen und Trocknen bei 50 °C chemisch analysiert. Für die feuchten Salze wurde das Molverhältnis $CaSO_4:Na_2SO_4$ nach Abzug der anhaftenden Lösung bestimmt (berechnet über einen angenommenen Wassergehalt von 2 Mol).

Aus dem umfangreichen Probenmaterial wurden Substanzen ausgewählt, die auf Grund ihrer Kornbeschaffenheit und relativ geringen bzw. in günstigen Korngrößen vorliegenden Beimengungen anderer Phasen für kristalloptische Untersuchungen geeignet waren (Tab. 2). Die aus den quinären Lösungen isolierten Verbindungen enthielten geringe Mengen sekundär gebildeten Astrakanits. Gips und Glauberit lagen nur in Spuren vor.

Tabelle 2
Herstellungsbedingungen und Zusammensetzung der untersuchten Proben

Nr. der Probe	1	2[1]	3[1]	4	5[2]
Reaktionslösung	quinär	quinär	quaternär	quaternär	ternär
Reaktionstemperatur	40 °C	40 °C	25 °C	35 °C	35 °C
Reaktionszeit	9 Tage	31 Tage	42 Tage	21 Tage	22 Tage
Molverhältnis $CaSO_4:Na_2SO_4$	1:1,53	1:1,60	1:1,62	1:1,68	1:>2

[1]) Mit Alkohol-Wasser-Gemisch gewaschen
[2]) Stark durch Thenardit verunreinigt

3. Kristallographische Untersuchungen bei 20 °C

3.1 Lichtmikroskopische Untersuchung

Außer einigen unvollständigen Lichtbrechungsangaben und Hinweisen auf das Kristallsystem (BENINGTON; SLJUSAREWA) wurden die kristalloptischen Eigenschaften der nadeligen Sulfate noch nicht beschrieben.

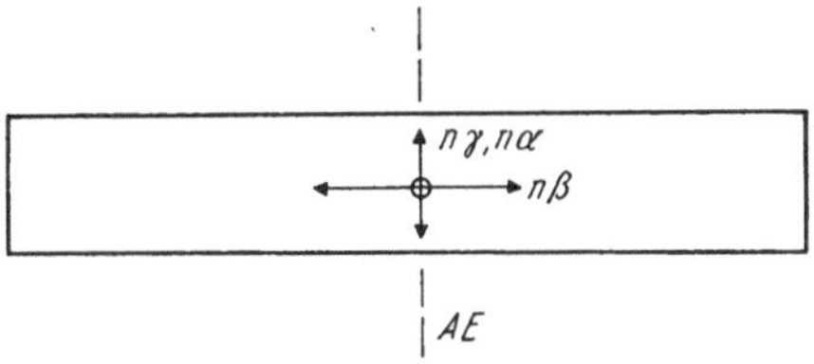

Fig. 1. Lage der Indikatrix im Kristall (AE = optische Achsenebene)

Die optischen Daten unserer Proben variieren im angegebenen Bereich (Tab. 3). Innerhalb dieses Intervalls ändern sich die Meßwerte von Probe zu Probe, erreichen jedoch nicht die in der Literatur für das „labile Salz" angegebenen hohen Daten. Die Auslöschung ist — soweit bei der geringen Korngröße und niedrigen Doppelbrechung erkennbar — immer gerade, die Lage der Indikatrix zu den kristallmorphologischen Bezugsrichtungen bei allen Proben gleich. Die Richtung von n_β verläuft parallel der Längsachse der nadelförmigen, farblos-durchsichtigen Kristalle.

An einzelnen Körnern verschiedener Proben werden etwas höher lichtbrechende Kornteile — n'_α 1.500 bis n'_γ 1.510 — beobachtet. Ihre Orientierungen im Kristall scheinen gesetzmäßig zu sein (Fig. 2).

3.2 Röntgenographische Untersuchungen

Die Ergebnisse der röntgenographischen Untersuchung der Probe 2 sind in Tabelle 4 dargestellt. Nach den lichtmikroskopischen Befunden war eine rhombische Symmetrie wahrscheinlich. Die Indizierung nach einem Verfahren

Tabelle 3
Kristalloptische Daten von Ca-Na-Doppelsulfaten
(Literaturangaben und eigene Ergebnisse)

Autor	Formel	Kristalloptische Angaben		
HILL und WILLS	$CaSO_4 \cdot 2\,Na_2SO_4 \cdot 2\,H_2O$	$n\,\gamma$	1.510 ± 0.003	
BENINGTON	$CaSO_4 \cdot 2\,Na_2SO_4 \cdot 2\,H_2O$	n	1.518	
KOLOSOV	$2\,CaSO_4 \cdot 3\,Na_2SO_4$	n_M	1.495 ± 0,003	
SLJUSAREVA	$3\,CaSO_4 \cdot 5\,Na_2SO_4 \cdot 6\,H_2O$	$n\,\gamma'$ $n\,\alpha'$	1.500 1.488	
Eigene Ergebnisse (mit dem Forschungsmikroskop Nu des VEB C. Zeiss, Jena)	Molverhältnis $CaSO_4$:$NaSO_4$ 1:1,5 bis 1: > 1,7	$n\,\gamma$ $n\,\beta$ $n\,\alpha$ R $2\,V$	1.4990 ± 0,0005 1,4965 ± 0,0005 1,4850 ± 0,0005 0,014 −50°	1,4965 ± 0,0005 1,4910 ± 0,0005 1,4870 ± 0,0005 0,0095 + 84°

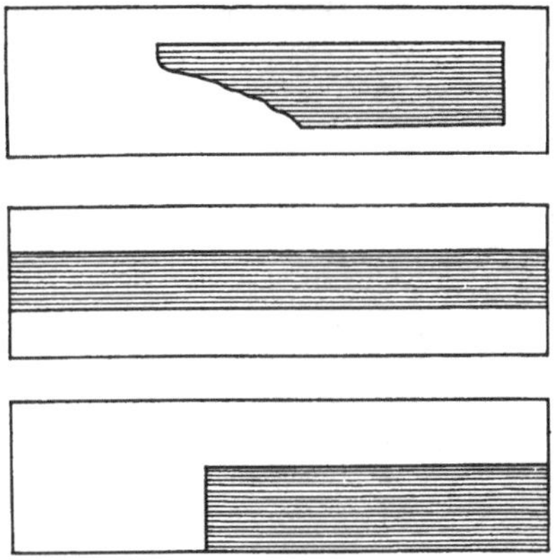

Fig. 2. Kornteile höherer Lichtbrechung (dunkel) im Phasenkontrastmikroskop

Tabelle 4
Auswertung der Röntgenaufnahme von Probe 2
(CuK_α-Strahlung, Ni-Filter; Röntgendiffraktometer VEB Präzisionsmechanik Freiberg)

ϑ	$I_{rel.}$	$d_{beob.}$	$d_{ber.}$	(hkl)
4,85	80	9,118	9,032	(100)
8,10	10	5,471	5,59	(101)
9,77	60	4,543	4,545	(120)
10,67	10	4,163	4,15	(210)
11,72	10	3,795	3,81	(201)
13,02	10	3,422	3,426	(220)
14,12	30	3,160	3,164	(112)
14,70	100	3,038	3,011	(300)
15,57	40	2,872	2,89	(310)
16,10	40	2,779	2,774	(301)
17,10	30	2,622	2,62	(040)
17,73	10	2,531	2,525	(140)
18,15	10	2,475	2,471	(222)
19,80	30	2,276	2,273	(240)
20,45	10	2,206	2,207	(410)
20,90	20	2,160	2,165	(241)

von Gattow, rechnerisch verfeinert, ergibt eine gute Übereinstimmung der berechneten und beobachteten d-Werte und damit eine Bestätigung der angenommenen Symmetrie. Die Elementarzelle wird durch folgende Gitterkonstanten charakterisiert:

$$a_0 = 9{,}02\ \text{Å} \pm 0{,}01$$
$$b_0 = 10{,}50\ \text{Å} \pm 0{,}01$$
$$c_0 = 7{,}13\ \text{Å} \pm 0{,}01$$

Die d-Werte der anderen untersuchten Proben variieren in geringem Maße. Die sich daraus ergebenden Schwankungen der Gitterkonstanten bzw. der Größe der Elementarzelle (Volumen V_{EZ}) sind aus Tabelle 5 zu entnehmen.

Auch die in der Literatur publizierten d-Werte weisen untereinander ähnliche Abweichungen auf (CONLEY, BUNDY; RASSONSKAJA, SEMENDJEVA; SLUJSAREVA).

Tabelle 5

Gitterkonstanten und Volumen der Elementarzelle der untersuchten Proben

Nr. der Probe	1	2	3	5
Gitterkonstanten (Å)				
a_0	9,01	9,02	9,03	9,04
b_0	10,54	10,50	10,48	10,51
c_0	7,135	7,135	7,10	7,11
Volumen der Elementarzelle	677,58	675,75	671,90	675,52

3.3 IR-spektroskopische Untersuchung

Im IR-Spektrum der Probe 2 (aufgenommen mit dem IR-Spektrograph UR-10 des VEB Carl Zeiss Jena) treten besonders die Deformations- und Valenzschwingungen der SO_4-Gruppe und der H_2O-Molekel deutlich hervor.

δ-SO_4	614 cm^{-1}	(st.)
	654 cm^{-1}	(m.)
ν-SO_4	993 cm^{-1}	(schw.)
	1010 cm^{-1}	(schw.)
	1175 cm^{-1}	(st.)
ν-OH	3410 cm^{-1}	(st.)
δ-OH	1640 cm^{-1}	(m.)

Aus der Bandenlage von ν_{ass} 3410 cm^{-1} kann mit Hilfe einer Beziehung von GLEMSER und HARTERT ein OH...O-Abstand im Gitter von ~2,77 Å ermittelt werden. Die Spektren verschiedener Teilproben zeigen praktisch keine erkennbare Änderung in der Bandenlage. Die nachgewiesenen Wasserbanden deuten auf das Vorliegen einer hydratisierten Verbindung hin.

3.4 Diskussion der Untersuchungsergebnisse

Fig. 3 zeigt den Zusammenhang zwischen den lichtmikroskopischen und röntgenographischen Untersuchungsergebnissen der einzelnen Proben. In Übereinstimmung mit der gleichsinnigen Änderung der 3 Hauptbrechungsindizes variieren die Gitterkonstanten zunächst ebenfalls gleichsinnig, um sich dann für b_0 und c_0 in der Tendenz umzukehren. Analog dazu nimmt das Volumen der Elementarzelle zunächst ab und steigt dann mit anderen Abmessungen wieder an. Dieser Wechsel fällt mit einer Änderung des optischen Charakters der Struktur bzw. einer Umkehr der Größen $n_\gamma - n_\beta$ und $n_\beta - n_\alpha$ sowie des optischen Achsenwinkels 2 V zusammen.

Die Befunde sind sicher als Ausdruck einer partiellen Mischkristallbildung zu deuten, bei der ein isomorpher Ersatz anfangs mit einer gleichsinnigen Änderung der Dimensionen der Elementarzelle einhergeht, während bei weiterem Ersatz eine Umstellung der Gitterordnung erfolgt. Analog erhöht sich generell der Na_2SO_4-Gehalt der Probe.

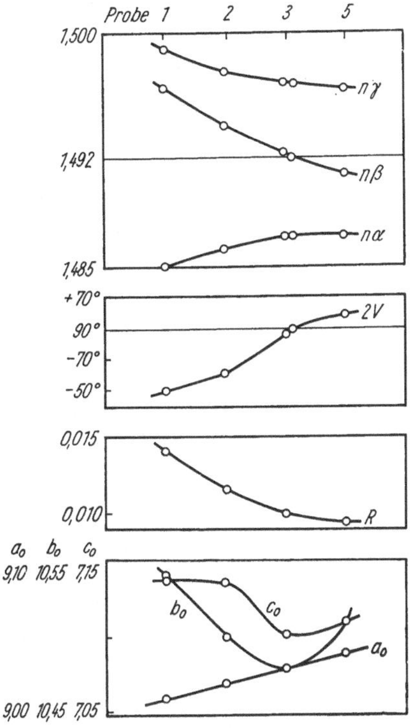

Fig. 3. Gegenüberstellung der lichtmikroskopischen und röntgenographischen Untersuchungsergebnisse

4. Untersuchungen bei höheren Temperaturen

4.1 Thermoanalytische Untersuchungen

Die Ergebnisse der DTA-Untersuchungen der Probe 2 sind zusammen mit den Literaturangaben in Tabelle 6 zusammengestellt.
Es treten zwei charakteristische endotherme Effekte auf:

1. Abgabe von Wasser, Neubildung von Glauberit und Thenardit
2. Zersetzung des Glauberits zu Anhydrit und Thenardit

Folglich zeigt die thermogravimetrische Kurve nur im Bereich des ersten DTA-Effekts einen Gewichtsverlust (Fig. 4). Auf Grund des Kurvenverlaufs kann angenommen werden, daß nach Abgabe des noch anhaftenden Wassers bei ~ 150 °C die Dehydratisierung verstärkt einsetzt. Unter Berücksichtigung eines geringen Astrakanitanteils errechnet sich ein Wassergehalt von 1.48 Mol bezogen auf 1 Mol $CaSO_4$. Die Aktivierungsenergie der Dehydratisierung, berechnet nach einer Methode von Flora, beträgt 11,4 kcal/Mol. Die Reaktionsordnung ist Null (Fig. 5).

Tabelle 6
Thermische Daten von Ca-Na-Doppelsulfaten
(Eigene Ergebnisse und Literaturangaben)

Autor	Zusammensetzung ($CaSO_4:Na_2SO_4$)	A H[1]	1. Effekt		2. Effekt	
			Einsatz-temperatur	Temperatur der Peakspitze	Einsatz-temperatur	Temperatur der Peakspitze
Eigene Messungen	1:1,60	6,3	140 °C[2])	160 °C[2])	480 °C[2])	495 °C[2])
		6,8	150 °C[2])	170 °C[2])		
		10,6	130 °C[3])	180 °C[3])	500 °C[3])	525 °C[3])
RASSONSKAJA, SEMENDJAEVA	1:2		160 °C		530 °C	
BLOCK, WATERS	1:2	15	160 °C	170 °C		
KOLOSOV	1:1,5		160 °C		510—520 °C	
SLJUSAREVA	1:1,67		100—200 °C		500—600 °C	

[1]) Aufheizgeschwindigkeit in °C min^{-1}
[2]) gemessen mit dem ungarischen Derivatograph Typ OD 101
[3]) gemessen mit einer an der TH für Chemie Leuna-Merseburg gebauten DTA-Apparatur (MÖBIUS)

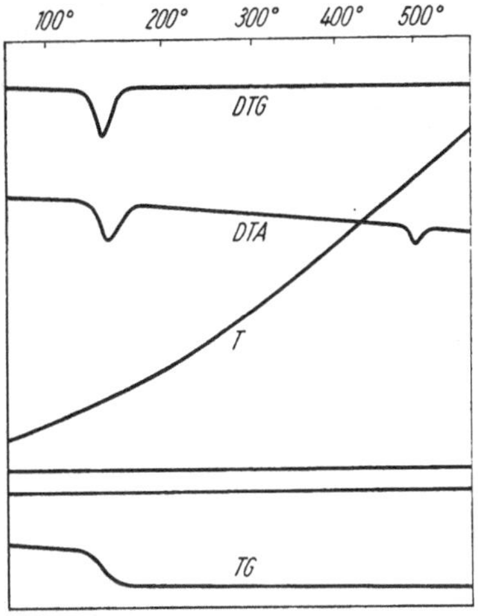

Fig. 4. Derivatogramm der Probe 2
Einwaage: 90 mg
DTG 1/15, DTA 1/15, TG 100 mg
Aufheizgeschwindigkeit 6,3 °C/min

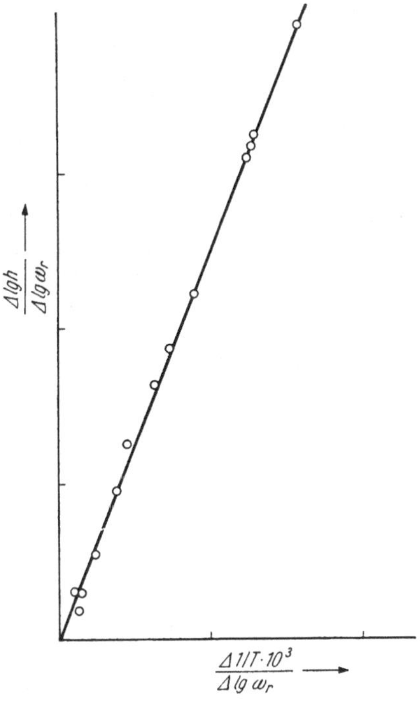

Fig. 5. Kinetische Kurve der Entwässerung von Probe 2
h – Ausschlag des DTG-Galvanometers
w_r – die zum Zeitpunkt t noch gebundene Wassermenge
T – absolute Temperatur

4.2 Lichtmikroskopische, röntgenographische und IR-spektroskopische Untersuchungen

Die bei Zimmertemperatur einheitlich auslöschenden nadelförmigen Kristalle wandeln sich oberhalb ~150 °C in Pseudomorphosen um. An Stelle des einheitlich orientierten Kristallgitters treten feinkörnige Aggregate von Glauberit und Thenardit auf, die vorwiegend parallel in Richtung der Längserstreckung der ehemaligen Kristalle verwachsen sind. Sie sind im Phasenkontrastmikroskop selbst bei starken Vergrößerungen durch selektive Anfärbung schwer zu trennen. Seltener werden größere Glauberit- und Thenarditkörner in diesen Aggregaten beobachtet.

Die Neubildung dieser Phasen wird in den meisten Fällen durch die alte Gitteranordnung bestimmt. Wahrscheinlich ist hier durch gewisse Gitteranalogien die Keimbildung energetisch begünstigt. Oberhalb $\sim$500 °C bildet sich der Glauberitanteil in ein feinverwachsenes Aggregat von Thenardit und Anhydrit um. Dabei kommt es zu einer mehr oder weniger starken Auflösung der nadeligen Pseudomorphosen zu länglichen oder unregelmäßig geformten Aggregaten.

Die Ergebnisse der röntgenographischen und IR-sektroskopischen Untersuchungen bestätigen die lichtmikroskopischen Befunde. Damit werden die Aussagen der DTA-Kurven und der diskutierte thermische Abbau eindeutig bewiesen.

5. Zusammenfassung

Die Untersuchung der $CaSO_4$-Na_2SO_4-haltigen Bodenkörper führte zu dem Ergebnis, daß in den untersuchten Lösungen rhombisch kristallisierende Mischkristalle mit einem $CaSO_4:Na_2SO_4$-Verhältnis von 1:1,5 bis 1:> 1,7 gebildet werden. Daraus resultieren die unterschiedlichen Ergebnisse der verschiedenen Autoren bei früheren Betrachtungen dieser Verbindungen des ternären und quaternären Systems.

In Abhängigkeit von der Zusammensetzung ändern sich die optischen und röntgenographischen Daten der Mischkristalle. Der nadelige Habitus bei unterschiedlichen Herstellungsbedingungen und die Orientierung der bei der Zersetzung neugebildeten Glauberit- und Thenarditkeime parallel zur Längserstreckung weisen darauf hin, daß sich diese Richtung im Gitter durch große Besetzungsdichte und dominierende Anordnung der Baugruppen auszeichnet.

Der Wassergehalt des Hydrats $CaSO_4 \cdot 1{,}6\,Na_2SO_4$ wird durch thermoanalytische Untersuchung zu 1,5 Mol bestimmt. Die Wasserabgabetemperatur und die Aktivierungsenergie sprechen für eine mäßig starke Bindung des Wassers im Gitter. Die Anwesenheit des Wassers ist jedoch für die Stabilität des Gitters entscheidend, da es bei der Dehydratisierung zusammenbricht.

Der aus den thermoanalytischen Untersuchungen abgeleitete Zersetzungsmechanismus konnte durch Kombination lichtmikroskopischer, röntgenographischer und IR-spektroskopischer Untersuchungen bestätigt werden. Die an einzelnen Körnern beobachteten Bezirke höherer Lichtbrechung verschiedener Proben stellen wahrscheinlich gesetzmäßige Verwachsungen von Hydraten mit etwas höherem Wassergehalt dar. Ähnliche Verhältnisse wurden von Hodenberg und Kühn an $MgSO_4$-Hydraten beobachtet. Die höheren Lichtbrechungswerte stimmen gut mit den von Hill und Wills für das labile Salz beschriebenen überein.

Literatur

Barre, M.: Ann. Chimie Physique **24**, 145 (1911)
Benington, F.: Science (Washington) **129**, 1227 (1959)
Block, J., Waters, O. B.: J. chem. Engng. Data **13**, 336 (1968)

CAMERON, F. K., BELL, J. M., ROBINSON, W. O.: J. physic. Chem. **11**, 396 (1907)
CONLEY, R. F., BUNDY, W. M.: Geochim. cosmochim. Acta (London) **15**, 52 (1958)
CORTELEZZI, C. R., CARRICA, C. M.: Acta geol. lilloana **6**, 41 (1965)
D'ANS, J., SCHREINER, O.: Z. anorg. allg. Chem. **62**, 129 (1909)
DRUŽININ, I. G., LOPINA-ŠENDRIK, M. D.: Izvest. Akad. Nauk. Kirg. SSR, Ser. estestv. i. technol. Nauk **4**, 61 (1962)
EMONS, H.-H., STEGMANN, E.: Bergakademie (Freiberg) **20**, 619 (1968)
FLORA, T.: Acta chim. Acad. Sci. hung. **48**, 225 (1966)
FRITZSCHE, J.: J. prakt. Chem. **72**, 291 (1857)
GATTOW, G., PIOTTER, H.: Z. anorg. allg. Chem. **336**, 1 (1965)
GLEMSER, O., HARTERT, E.: Naturwissenschaften **42**, 534 (1955)
HILL, A. E., WILLS, J. H.: J. Amer. chem. Soc. **60**, 1647 (1938)
HODENBERG, R. von, KÜHN, R.: Kali u. Steinsalz **4**, 326 (1967)
KOLOSOV, A. S.: Izvest. sibirskogo Otd. Akad. Nauk SSSR Nr. 12, 64 (1961)
KYDYNOV, M. K., DRUŽININ, I. G.: Izvest. Akad. Nauk Kirg. SSR **4**, 89 (1957)
LEPEŠKOV, I. N., FRADKINA, CH. B.: Ž. neorg. Chim. **4**, 2803 (1959)
MÖBIUS, R.: Dissertation Merseburg 1965
RASSONSKAJA, I. S., SEMENDJAEVA, N. R.: Ž. neorg. Chim. **6**, 1745 (1961)
SLJUSAREVA, M. N.: Zap. vses. mineralog. Obšč. (2) **98**, 59 (1969)
VASILEVSKAJA, A. G.: Izvest. sibirskogo Otd. Akad. Nauk SSSR Nr. 1, 76 (1959)

(Eingegangen am 5. Juni 1970)

Anschrift der Verfasser:

Prof. Dr. HANS-HEINZ EMONS
Dr. HANS-HEINZ SEYFARTH
ELEONORE STEGMANN
Technische Hochschule für Chemie „Carl Schorlemmer"
Sektion Verfahrenschemie, Anorganisch-technische Chemie
Leuna-Merseburg
42 Merseburg
Geusaerstraße

Kristall und Technik | 6 | 1 | 1971 | 97–100

D. GRIMMER, E.-A. SOA

VEB Carl Zeiss, Jena

Dünne Oxidschichten auf Eisenlegierungen, untersucht mit dem EF-Z6[1])

At room temperature thinnest oxide layers develop on steel surfaces (in H_2O-free atmosphere). The conditions of their growth are discussed and compared with emission-electronmicroscopical observations.

Auf Stählen entstehen bei Raumtemperatur (in H_2O-freier Atmosphäre) dünnste Oxidschichten. Ihre Wachstumsbedingungen werden diskutiert und mit emissionselektronenmikroskopischen Beobachtungen verglichen.

1. Vorbemerkung

Da die Elektronenemission aus Oberflächen von dünnen Schichten stark beeinflußt wird, kann die Emissionselektronenmikroskopie zur direkten Beobachtung des Verhaltens dünner Schichten in Mikrobereichen eingesetzt werden.

Im Emissionsmikroskop EF-Z6 des VEB Carl Zeiss JENA ist ein fast trägheitsloses Einstellen der Objekttemperatur von 0–2000 °C und damit thermische Elektronenauslösung ebenso möglich wie Sekundäremission, ausgelöst durch Beschuß mit Elektronen oder Ionen. Durch eine zusätzliche Diffusionspumpe am Objektraum kann das Arbeitsvakuum im Bereich 10^{-6}–10^{-3} Torr schnell geändert werden.

Die Untersuchungen von dünnen Oxidschichten, die bei Raumtemperatur auf Stählen entstehen, wurden mittels ionenausgelöster Sekundäremission durchgeführt.
Diese Oxidschichten erreichen bei Raumtemperatur nur eine Dicke von ca. 50 ÅE; sie bedecken dann gleicmäßig, unabhängig von der Gefügestruktur, die Metalloberfläche. Dieser Vorgang ist selbstverständlich nicht mit der Rostbildung (Hydroxidbildung) zu verwechseln, die bei nichtrostfreien Stählen unter Anwesenheit von H_2O nicht zum Stillstand kommt. Theorien von CABRERA und MOTT, HAUFFE und anderen erklären zwar, daß die Oxydation bei Raumtemperatur schon bei sehr kleinen Schichtdicken einen Endzustand erreicht und daß diese Grenzschichtdicken keinen Zusammenhang mit der Gefügestruktur haben. Über den Einfluß der Kornorientierung auf den Wachstumsvorgang selbst wird dort nichts ausgesagt.

2. Experimentelles. Kristallitorientierung, Oxidschichtwachstum und Ionenätzen

Es ist aber anzunehmen, daß während des Aufwachsens die verschieden orientierten Kristallflächen die Wachstumsgeschwindigkeit beeinflussen. Dies

[1]) Kurzfassung eines Vortrages, gehalten auf der Tagung „Physik und Technik des Hochvakuums", Dresden 1969

würde bedeuten, daß vor Erreichen der überall gleichmäßigen Grenzschichtdicke, während des Wachstumsprozesses, für eine begrenzte Zeit verschieden orientierte Gefügekörner verschiedene Oxidschichtdicken aufweisen. Diese zu erwartenden sehr geringen Schichtdickenunterschiede (von $\leqq 50$ ÅE) ergeben in emissionsmikroskopischer Abbildung im EF-Z6 noch einen guten Kontrast, während sie mit herkömmlichen Verfahren nicht nachzuweisen sind.

Der Zeitraum des Schichtwachstums kann zur bequemeren Untersuchung gedehnt werden, indem der beobachtete Objektbereich mit einer Kanalstrahlionenquelle gleichmäßig bestrahlt und dabei infolge des Ionenätzens das gleichzeitige Schichtwachstum gehemmt wird. Da der Ionenstrahler des EF-Z6 einen hohen Wirkungsgrad, d. h. einen geringen Gasverbrauch hat, können Arbeitsdruck und Ätzrate nahezu unabhängig voneinander eingestellt werden. Es gelingt dadurch, die „resultierende" Oxydationsgeschwindigkeit stark zu verlangsamen.

Nach Abpumpen auf einen Druck von 10^{-6} Torr ist das Sauerstoffangebot zu gering, so daß von einer eingeschleusten Probe bei Raumtemperatur die schon vorhandene Oxidschicht völlig durch den Ätzvorgang abgetragen werden kann, trotz ständigen Nachwachsens der Oxidschicht. Figur 1 unten zeigt eine solche, durch ständiges Ätzen erhaltene oxidfreie Oberfläche eines Objektes aus Stahl 9 S 20 K.

Bei Erhöhung des Druckes auf $1 \cdot 10^{-4}$ Torr ist der Sauerstoffpartialdruck bereits so groß, daß trotz höchstmöglicher Ätzrate die Oxydation bei Raumtemperatur rasch bis zu gleichmäßiger Bedeckung der ganzen Oberfläche vorschreitet. Die Dicken dieser Schichten sind dabei immer dieselben (~ 50 ÅE, nach Hauffe). Dies folgt aus dem experimentellen Befund, das zum Abätzen solcher Schichten unter gleichen Bedingungen immer dieselben Zeiten benötigt wurden, ob diese nun bei $1 \cdot 10^{-4}$ Torr in ca. 1 min oder bei Normaldruck in mehreren Tagen aufwuchsen. Bei einem Druck von z. B. $3 \cdot 10^{-5}$ Torr und Raumtemperatur kann nun mit entsprechender Einstellung der Ätzrate ein Zustand ungleichmäßiger Oxidbedeckung erhalten werden, der sich nur langsam ändert. Figur 1 oben zeigt wieder dieselbe Objektstelle, wobei die einzelnen Körner des Gefüges von unterschiedlich dicken Oxidschichten bedeckt sind. Die oxidbedeckten Objektbereiche erscheinen heller (emittieren stärker), da bei Nichtleitern der Elektronenausbeutefaktor größer ist als bei elektrisch leitenden Objektbereichen. Obwohl die Ätzrate über den ganzen abgebildeten Objektbereich nahezu gleich ist, ist dieser Zustand nicht stabil; je nach Größe der Ätzrate wird die Oberfläche entweder langsam oxidfrei oder wächst allmählich überall zu gleicher Dicke an. Dabei werden diese beiden möglichen Endzustände von verschiedenen Körnern in verschiedenen Zeiten erreicht. Daraus folgt, daß die Oxydationsgeschwindigkeit bei Raumtemperatur für verschieden orientierte Kristallite tatsächlich verschieden ist.

3. Diskussion und Schlußfolgerung

Die für die Oxydation bei Raumtemperatur gefundenen logarithmischen bzw. reziprok-logarithmischen Anlaufgesetze wurden von Hauffe unter Voraussetzungen folgender Vorstellung abgeleitet:

Bei Schichten bis ~ 40 ÅE Dicke und niedrigen Temperaturen können, trotz fehlender thermischer Energie, genügend Elektronen durch Tunneleffekt aus

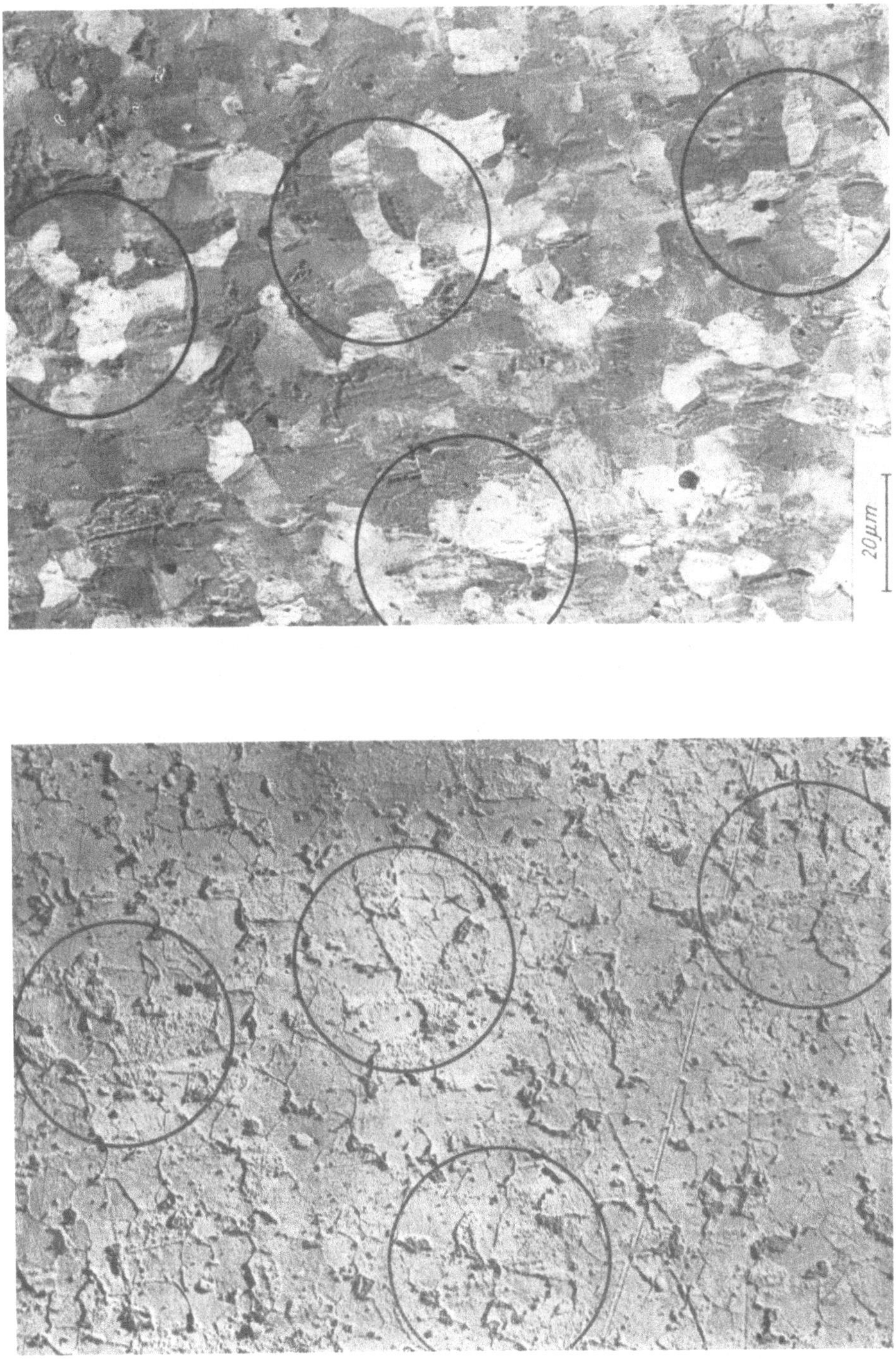

Fig. 1. Stahl 9 S 20 K (ohne (unten) und mit (oben) Oxidschicht.
$T = 20\ °C$. Ionenbeschuß

dem Metall in das Leitfähigkeitsband des Oxids und von dort wegen der energetisch günstigeren Terme, zum sorbierten Sauerstoff gelangen. Dadurch ist die Oxidschicht beiderseits durch gleichgroße Flächenladungen begrenzt. Das elektrische Feld zwischen diesen transportiert Metallionen ebenfalls zum sorbierten Sauerstoff. Raumladungen können bei Schichtdicken bis 40 ÅE vernachlässigt werden. Da Elektronentunnelung und Ionenfeldtransport mit wachsender Schichtdicke stark abnehmen, streben diese Oxidschichten einer endlichen Dicke (von $\sim$ 50 ÅE bei Eisen) zu.

Die Metallionen benötigen zum Übergang Metall/Metalloxid bei Zimmertemperatur eine höhere Energie, als zum Übergang zwischen verschiedenen Gitterebenen des Oxids. Bei höheren Temperaturen ist es umgekehrt. Bei niedrigen Temperaturen bestimmen Phasengrenzreaktionen (Metall — Metalloxid) die Oxydationsgeschwindigkeit (als langsamster Teilvorgang), bei hohen Temperaturen Diffusionsprozesse.

Mit der von Hauffe dargelegten Bedeutung der Phasengrenzreaktionen Metall/Metalloxid für die Oxydation bei Raumtemperatur und der Tatsache, daß die Bindungsenergien auf verschieden orientierten Kristallflächen verschieden sind, kann nun die beobachtete kornflächenverschiedene Wachstumsgeschwindigkeit von Oxidschichten auf Stählen erklärt werden. Die unterschiedlich große Ablösearbeit der Metallatome geht demnach unmittelbar, zumindest in der Anlaufphase, in die Oxydationsgeschwindigkeit bei Raumtemperatur ein.

Im Gegensatz dazu konnte bei Stahlobjekten kein kornflächen-verschiedenes Oxidwachstum mehr beobachtet werden, wenn die Objekttemperatur $\geqq$ 400 °C war. Es ist daraus zu schließen, daß bereits von $\sim$ 400 °C ab die Diffusion der Metallatome durch die Schicht der langsamere, die Oxydationsgeschwindigkeit bestimmende Vorgang ist.

Die emissionsmikroskopische Untersuchung dünner Schichten kann somit, bei entsprechender Deutung der Versuchsergebnisse, zur Aufklärung verwickelter Wechselwirkungen zwischen Substrat und Schicht dienen.

Ebenso ist es möglich, wenn man die durch Ätzen ,,verlangsamte" Oxydation von Eisenlegierungen als ,,Flächendekorationsverfahren" benutzt, Aussagen über die Kornstruktur bei Raumtemperatur zu gewinnen. Die beschriebenen Untersuchungen dünner Schichten ergeben also auch eine Erweiterung der Methoden kontrastreicher Abbildung metallischer Objekte.

Literatur

Cabrera, N., Mott, N. F.: Rep. Progr. in Physics **12**, 163 (1949)
Hauffe, K.: Reaktionen in und an festen Stoffen, Berlin, 1955

(Eingegangen am 27. April 1970)

Anschrift der Verfasser:

Dietrich Grimmer, Labor-Ingenieur
69 Jena, Dornburgerstr. 44
Dr. rer. nat. habil. Ernst-Adolf Soa
69 Jena, Seidelstr. 9

L. Däweritz

Humboldt-Universität zu Berlin
Sektion Physik, Bereich Kristallographie

Relative Stability of Zincblende and Wurtzite Structure in $A^{II}B^{VI}$-Compounds

In order to estimate the relative stability of the cubic and hexagonal phases of sulphides, selenides and tellurides of zinc and cadmium the lattice energies are calculated from the Born-Landé-equation. From the obtained values it can be concluded that the stability of the zincblende structure increases in the order CdS-ZnS-CdSe-ZnTe-(CdTe)-ZnTe. This is in agreement with the estimation of stability using the differences in electronegativity of the components, the experience obtained from crystal-preparation and crystallization of thin films, and the appearance of polytypism in $A^{II}B^{VI}$-compounds. It is possible to influence the relative stability of zincblende and wurtzite structures by deviations from stoichiometry.

Zur Abschätzung der relativen Stabilität der kubischen und hexagonalen Phase der Sulfide, Selenide und Telluride von Zink und Cadmium werden die Gitterenergien nach der Born-Landé-Gleichung berechnet. Aus den erhaltenen Werten ergibt sich eine Zunahme der Beständigkeit der Zinkblendestruktur in der Reihenfolge CdS-ZnS-CdSe-ZnSe-(CdTe)-ZnTe. Das steht in Übereinstimmung mit der Abschätzung der Stabilität aus den Elektronegativitätsdifferenzen der Komponenten, den experimentellen Erfahrungen aus der Kristallzüchtung und der Kristallisation dünner Schichten sowie den Polytypieerscheinungen an $A^{II}B^{VI}$-Verbindungen. Die relative Stabilität der Zinkblende- und Wurtzitstruktur kann durch Abweichungen von der Stöchiometrie beeinflußt werden.

1. Introduction

There has been increasing attention dedicated to the semiconducting $A^{II}B^{VI}$-compounds due to their special electrical and optical properties. In this case both the bulk material and thin films are of interest.

A particular problem arising with $A^{II}B^{IV}$-compounds is the fact that many of these crystallize in zincblende and wurtzite structure. In some cases the energetic differences between these two phases are extremely small. This results in the frequent co-existence of the cubic and hexagonal phases, of polytypism and stacking faults. However, as the defect structure extensively influences the physical properties it is desirable to obtain at least semiquantitative information about the relative stability of zincblende and wurtzite structure. In the present paper such considerations have been made concerning the sulphides, selenides, and tellurides of zinc and cadmium, lattice energy being used as a measure of stability.

2. Calculation of lattice energy

$A^{II}B^{IV}$-compounds considered in the present paper contain covalent bonds with a proportion of ionic bond that cannot be neglected. According to Pauling (1960) this ionic component Q is derived from the relation:

$$Q = 1 - \exp. \{-0{,}25\,(x_A - x_B)^2\} \tag{1}$$

where x_A, x_B are the electronegativities of the components. Consequently the ionic component of the bond increases in the approximate sequence ZnTe—CdTe — ZnSe — CdSe — ZnS — CdS (cf. Table 5). It decisively influences the interatomic distances of these compounds as well as their electrical properties (Palatnik, Komnik, Koshkin). Therefore, there is some justification for calculating the lattice energy U_0 from the Born-Landé-equation:

$$U_0 = -\frac{z_1 \cdot z_2 \cdot e^2 \cdot N \cdot \alpha}{r_0}\left(1 - \frac{1}{n}\right) \tag{2}$$

whre z_1, z_2 ist the valency of the cation or anion,

r_0 is the shortest distance between cations and anions in the lattice,
e is the elementary charge,
N is AVOGADRO'S number,
α is the MADELUNG constant,
n is the repulsive exponent.

In the zincblende structure the AB_4 — tetrahedron, necessarily, contains four AB-distances of the same length, whereas in the wurtzite structure there of are slight deviations. The wurtzite type structure can be described by the following coordinates of the atoms:

$$\left.\begin{array}{l} 2\ \mathrm{A}\ \text{in}\ 1/3, 2/3, 0;\quad 2/3,\ 1/3,\ 1/2\,, \\ 2\ \mathrm{B}\ \text{in}\ 1/3, 2/3, u;\quad 2/3,\ 1/3,\ 1/2 + u. \end{array}\right\} \tag{3}$$

In the „ideal" wurtzite structure c_0/a_0 is 1,63299 and u is 0,375. In this case, we obtain a tetrahedron with four AB-distances of the same length. In reality, however, the tetrahedra are elongated or compressed parallel to the c-axis and contain three AB-distances of the same length and one bond length which is either longer or shorter and parallel to the c-axis. Consequently, there are two types of AB-distances. For calculating the lattice energies of $A^{II}B^{VI}$-compounds in the wurtzite structure, it will be necessary, for that reason, to know the u-values. Jeffrey, Parry and Mozzi were able to show that in BeO and AlN the deviation Δu from the „ideal" u-value can be estimated from the lattice constants a_0 and c_0. The deviation is represented by:

$$\Delta\, u = 2/3\ (a_0/c_0)^2 - 1/4. \tag{4}$$

u is therefore:

$$u = 0{,}375 + \Delta u. \tag{5}$$

A comparison of the u-value of $0{,}3825 \pm 14$ for ZnO that had been experimentally established by Abrahams and Bernstein, with the value of 0,3847 obtained using (4) and (5) shows that this relation should be generally applicable as an approximation for $A^{II}B^{VI}$-compounds.

The lattice constants used for these calculations are listed in Tables 1 and 2 for the zincblende and wurtzite structures, respectively. The u-values determined from (4) and (5) are given in Table 3. It should be taken into account that the lattice constants reported in the literature vary considerably. Frequently, these deviations are higher than the established errors. This is probably due to the incorporation of foreign atoms and to the disorder of the stacking sequence in the structure (ROTH).

Table 1

Lattice constants of $A^{II}B^{VI}$-compounds having zincblende structure

Compound	a_0 (Å)	$A - B$ (Å)	References
ZnS	5,4060	2,3409	SWANSON, FUYAT 1953a
ZnSe	5,653	2,448	GORJUNOVA et al.
ZnTe	6,1026	2,6425	SWANSON et al. 1964
CdS	5,820	2,520	ULRICH, ZACHARIASEN
CdSe	6,05	2,62	STUCKES, FARRELL
CdTe	6,4809	2,8063	WILLIAMS et al.

Table 2

Lattice constants of $A^{II}B^{VI}$-compounds having wurtzite structure

Compound	a_0 (Å)	$c_0^{\bullet}$ (Å)	c_0/a_0	References
ZnS	3,820	6,260	1,6387	SWANSON, FUYAT 1953b
ZnSe	4,003	6,540	1,6338	CHAN, PARK
ZnTe	4,31	7,09	1,6450	SHALIMOVA et al. 1964a
CdS	4,1362	6,714	1,6232	IBUKI; CHIHARA, NAKAYAMA
CdSe	4,300	7,007	1,6295	GORJUNOVA et al.
CdTe	(4,57)	(7,48)	(1,6368)	SEMILETOV

Table 3

Theoretic interatomic distances and estimated MADELUNG constants of $A^{II}B^{VI}$-compounds having wurtzite structure

Compound	u	$A - B$ [Å]		α
		$1x$	$3x$	
ZnS	0,3732	2,337	2,344	1,639
ZnSe[1])	0,3747	2,451	2,452	1,638
ZnTe	0,3713	2,63	2,65	1,637
CdS	0,3780	2,538	2,525	1,645
CdSe	0,3761	2,635	2,630	1,643
CdTe	(0,3739)	(2,80)	(2,80)	1,640

[1]) The u-value of ZnSe is obviously too high. Using the lattice constants given by CRUCEANU and CISTYAKOV a value of 0,3711 is obtained. For α results in the first case 1,641, in the latter 1,636. Here a value of 1,638 is assumed.

The n-values have been determined from the repulsive exponents as listed by Pauling (1928). z_1 and z_2 were assumed to have the value 2.

The Madelung constant for the zincblende structure is 1,63806 (Emersleben). In the case of the wurtzite structure calculation of the Madelung constant is difficult, because the axial ratios and u-values vary in different compounds. Zemann calculated the Madelung constant for different axial ratios on the assumption that the two non-equivalent types of AB-distances in the coordination polyhedron are exactly of equal length. Hence, the Madelung constant increases, in this case, with decreasing axial ratio, the change in the Madelung constant near the „ideal" axial ratio being slight. In the ideal case α is $1{,}6413_2$. From calculations by Hoppe follows that with constant axial ratio an increase of the Madelung constant is associated with an increasing u-value. It can be seen from Table 2 and 3 that for the compounds considered here u increases with a decreasing axial ratio. Therefore, the Madelung constant will increase with decreasing axial ratio and this increase is higher than in the case calculated by Zemann. If, in first approximaion, a linear relationship between c_0/a_0 and α is assumed and if for ZnS α is taken as 1,639[1]) than the Madelung constants given in Table 3 can be estimated.

The lattice energies calculated in this way are summarized in Table 4.

Table 4

Lattice energies of $A^{II}B^{VI}$-compounds having zincblende structure (U_{0c}) and wurtzite structure (U_{0h})

Compound	U_{0c} (kcal/mole)	U_{0h} (kcal/mole)	$U_{0c} - U_{0h}$ (kcal/mole)
ZnS	825,6	825,6	0
ZnSe	794,6	793,3	+1,3
ZnTe	744,5	743,0	+1,5
CdS	771,8	772,7	−0,9
CdSe	746,9	745,8	+1,1
CdTe	704,3	—	—

3. Correlation of the differences in lattice energy between cubic and hexagonal phases with differences in the electronegativity of the components and deviations from stoichiometric composition

From the calculated values it can be concluded that in the case of CdS the hexagonal phase and in the case of CdSe, ZnSe and ZnTe the cubic phases should be of greater stability. In ZnS the stability of both phases is approximately the same. The stability of the zincblende structure increases in the order CdS-ZnS-CdSe-ZnSe-(CdTe)-ZnTe.

This is, at least qualitatively, in agreement with the experience obtained from crystal-preparation and crystallization of thin films. Thus the cubic phase of CdS and the hexagonal phases of ZnSe and ZnTe are less common in thin films (Shallcross). In CdSe the zincblende structure should be of greater stability. The preparation of monocrystals, wich is carried out at high temperatures, yields

[1]) This value is usually given for the wurtzite structure of ZnS. It was calculated on the assumption that u is 0,375 (Born, Göpfert-Mayer; Leibfried).

hexagonal crystals. At low temperatures the cubic phase can be obtained by the reaction of cadmium sulphate or cadmium acetate with hydrogen selenide (GOLDSCHMIDT; PASHINKIN; SOPOSHNIKOV). However, a partial transition to the hexagonal high-temperature phase takes place at a temperature as low as 130 °C. This transition is completed at 700 °C. It can be seen from the simultaneous occurrence of the two phases in epitaxial layers grown by vaccuum deposition on NaCl and NaBr that the energetic difference is very small (KLEBER, MIETZ, NEUMANN).

The difference between the electronegativities of the components can also used as criterion for the relative stability of the two phases. Experience shows that with increasing difference in electronegativities the presence of the wurtzite structure tends to increase (MOOSER, PEARSON)[1]. A comparison of the calculated differences in lattice energy of the cubic and hexagonal phases with the differences in electronegativity of the components is made in Table 5. The „Mulliken-values" as given by PRITCHARD and SKINNER give the same order of the stability increase of the cubic phase as it is obtained in lattice energy calculations.

Table 5

Comparison of the differences in lattice energy[2]) between the zincblende and wurtzite structures with differences in the electronegativity of the components for $A^{II}B^{VI}$-compounds

Compound	$U_{0c} - U_{0h}$ (kcal/mole)	$\|x_A - x_B\|$ „Mulliken-values" as given by PRITCHARD and SKINNER	$\|x_A - x_B\|$ as given by PAULING (1960)
CdS	−0,9	1,01	0,8
ZnS	0	0,92	0,9
CdSe	+1,1	0,83	0,7
ZnSe	+1,3	0,74	0,8
CdTe	—	0,70	0,4
ZnTe	+1,5	0,61	0,5

Furthermore the obtained values can be qualitatively brought in accord with the appearance of polytypism in $A^{II}B^{VI}$-compounds. The smallest, if any, difference between the lattice energies of zincblende an wurtzite structure was found in ZnS. Therefore, there is some reason to believe that the extent of polytypism is largest in ZnS. The fact that phenomena of polytypism are essentially more frequent and more varied in ZnS when compared with other $A^{II}B^{VI}$-compounds is certainly not only due to the fact that ZnS is the best studied material in this respect.

[1]) This is true, in a more strict sense, of the compounds having the same average principal quantum number and this is only partly true of the compounds considered here.

[2]) An error estimation is problematic due to the difficulties in calculations already mentioned. The differences in lattice energy are exceedingly small that they are within the limits of error yet. Therefore, these considerations would just point out a tendency.

The influence of deviations from the stoichiometric composition on the structure of these compounds is of great practical interest. SIEG showed that the conditions of existence for the cubic and hexagonal phases in AgI can be influenced to a large extent by insignificant deviations from stoichiometry. This was also shown for $A^{II}B^{VI}$-compounds. In the preparation of thin films the hexagonal phases of ZnS, ZnSe and ZnTe were obtained by an excess of zinc (SHALIMOVA, MOROSOVA; SHALIMOVA, ANDRUSHKO, DIMA; SHALIMOVA et al. 1964a; SPÎNULESCU-CARNARU). In the case of CdSe, on the other hand, the cubic phase is favoured by an excess of cadmium, as was shown in investigations of NAGATA and AGATA carried out on selenium rectifiers covered with cadmium. DOLEGA obtained films containing almost exclusively the cubic phase by simultaneous evaporation coating of cadmium and selenium on glass followed by annealing. These films evidently contained a high excess of cadmium.

The influence of an excess of one component on the structure formed becomes clear if the polarizing power of the relatively small cations and the comparatively high polarizability of the anions is taken into consideration (SPÎNULESCU-CARNARU). Deviations from the stoichiometry will lead to variations in the intensity and direction of polarization forces during the formation of the nucleus and growth of the crystal. The influence of an excess of one component on structure can be related to the u-values summarized in Table 3. Apparently, an excess of metal causes a decrease of u. Hence, the hexagonal phases of ZnS, ZnSe, ZnTe and CdTe and the cubic phases of CdS and CdSe are favoured.

4. Discussion

Because the values of u, α and partly those of the lattice constants are not sufficiently accurate, the calculations given have only a semiquantitative character. Once more, it should be pointed out that there determinations of lattice constants which, when used in these calculations, would result in somewhat different relations of stability. In this paper the most suitable lattice constants were used. The stabilities derived from these show reasonable results which can be brought into agreement with experience obtained from experiments. Of course, in treating special cases of crystal-preparation and crystallization of thin films other factors besides those of deviations from stoichiometry have to be considered, such as temperature, incorporation of foreign atoms and nature of the substrate.

References

ABRAHAMS, S. C., BERNSTEIN, J. L.: Acta Crystallogr. **B25**, 1233 (1969)

BORN, M., GÖPFERT-MAYER, M.: Handbuch der Physik (Editors H. Geiger and K. Scheel), Vol. 12, part 2, Berlin 1933, p. 708

CHAN, F. L., PARK, Y. S.: Bull. Amer. Physic. Soc., Ser. 2, **9**, 296 (1964)

CHIHARA, J., NAKAYAMA, T.: J. appl. Physics **35**, 2493 (1964)

CRUCEANU, E., CISTYAKOV, J. D.: Kristallografiya **5**, 364 (1960)

DOLEGA, U.: Z. Naturforsch. **18a**, 809 (1963)

EMERSLEBEN, O.: Physik. Z. **24**, 73 (1923)

GOLDSCHMIDT, V. M.: Geochemische Verteilungsgesetze, Vol. 8 (1927)

GORJUNOVA, N. A., KOTOVICH, V. A., FRANK-KAMENETZKY, V. A.: Zhurn. Tekhn. Fiz. SSSR **25**, 2419 (1955)

HOPPE, R.: Naturwissenschaften **54**, 587 (1967)
IBUKI, S.: J. Physic. Soc. Japan **14**, 1181 (1959)
JEFFREY, G. A., PARRY, G. S., MOZZI, R. L.: J. Chem. Physics **25**, 1024 (1956)
KLEBER, W., MIETZ, I., NEUMANN, W.: Kristall und Technik **4**, 345 (1969)
LEIBFRIED, G.: Handbuch der Physik (Editor S. Flügge), Vol. 7, part 1, Berlin-Göttingen-Heidelberg 1955, p. 135
MOOSER, E., PEARSON, W. E.: Prog. Semiconductors **5**, 104 (1960)
NAGATA, S., AGATA, K.: J. Physic. Soc. Japan **6**, 523 (1951)
PALATNIK, L. S., KOMNIK, J. F., KOSHKIN, V. M.: Kristallografiya **7**, 563 (1962)
PASHINKIN, A. S., SOPOSHNIKOV, R. S.: Kristallografiya **7**, 623 (1962)
PAULING, L.: Z. Kristallogr. **67**, 377 (1928)
PAULING, L.: The Nature of the Chemical Bond, Ithaca, 1960, pp. 93 and 98
PRITCHARD, H. O., SKINNER, H. A.: Chem. Rev. **55**, 745 (1955)
ROTH, W. L.: Physics and Chemistry of II—VI Compounds (Editors M. Aven and J. S. Prener), Amsterdam 1967, p. 119
SEMILETOV, S. A.: Trudy IKAN SSSR **11**, 121 (1955)
SHALIMOVA, K. V., ANDRUSHKO, A. F., DIMA, I.: Kristallografiya **10**, 497 (1965)
SHALIMOVA, K. V., ANDRUSHKO, A. F., SPÎNULESCU-CARNARU, I., SEREDINSKY, B. P. Kristallografiya **9**, 741 (1964a)
SHALIMOVA, K. V., MOROSOVA, N. K.: Kristallografiya **9**, 559 (1964b)
SHALLCROSS, F. V.: RCA-Review **28**, 569 (1967)
SIEG, L.: Naturwissenschaften **40**, 439 (1953)
SPÎNULESCU-CARNARU, I.: phys. stat. sol. **18**, 769 (1966)
STUCKES, A. D., FARRELL, G.: J. Phys. Chem. Solids **25**, 477 (1964)
SWANSON, H. E., FUYAT, R. K.: NBS-Circular 539, **2**, 16 (1953a)
SWANSON, H. E., FUYAT, R. K.: NBS-Circular 539, **2**, 14 (1953b)
SWANSON, H. E., MORRIS, M. C., EVANS, E. H., ULMER, L.: Nat. Bur. Stand., Monograph 25, Sect. 3 (1964)
ULRICH, F., ZACHARIASEN, W.: Z. Kristallogr. **62**, 260 (1925)
WILLIAM, M. G., TOMLINSON, R. D., HAMPSHIRE, M. J.: Sol. State Comm. **7**, 1831 (1969)
ZEMANN, J.: Tschermaks Miner. u. Petrogr. Mitt. **12**, 439 (1968)

(Received April 4, 1970; translation June 15, 1970)

Author's adress:

Dipl.-Min. LUTZ DÄWERITZ
Humboldt-Universität zu Berlin
Sektion Physik, Bereich Kristallographie
104 Berlin
Invalidenstr. 43

Kristall und Technik	6	1	1971	109–117

G. Beckmann

Sektion Physik der Bergakademie Freiberg

Über den Zusammenhang zwischen Kompressibilität und Härte von Mineralen und nichtmetallischen kristallinen Substanzen[1])

An attempt is made to find out an experimental correlation between diamond pyramid microhardness number HV (according to Vickers) and compressibility $\varkappa$ of nonmetallic intrusion substances. By means of thermoelastic considerations, especially with respect to diamond and related to the bonding theory of crystals, a logarithmic plot of $\varkappa$ (log HV) yields a group of straight $\varkappa$-lines. Further, as a technical consequence, a computation formula is given for conversing Mohs' hardness test numbers to HV-numbers and vice versa.

Es wird versucht, die Kompressibilität $\varkappa$ feindispers verteilter, nichtmetallischer Einschlußsubstanzen mit Hilfe von Mikrohärtebestimmungen (nach Vickers) abzuschätzen. Unter Beachtung von thermoelastischen Beziehungen, namentlich aus der Bindungstheorie der Kristalle und der Diamantstruktur, führt eine logarithmische Darstellung $\varkappa$ (log HV) zu einem Büschel linearer $\varkappa$-Funktionen. Daneben läßt sich (zur Anwendung im technischen Bereich) eine Umrechnungsbeziehung zwischen Mohshärte und Vickershärte und umgekehrt angeben.

1. Einleitung

Die quantitative Untersuchung der physikalischen Eigenschaften von Mineralen bzw. mineralischen Substanzen, die als gut entwickelte Exemplare nicht immer vorliegen (z. B. Fällungsprodukte, Klassierungsrückstände, feindisperse Ausscheidungen in Schmelzen, epitaktische Aufwachsungen an Substraten usw.) ist für die Beherrschung technologischer Prozesse unumgänglich, stößt aber technisch sehr oft auf Schwierigkeiten. Je nach der physikalischen Fragestellung der Untersuchungen wird man daher bemüht sein, bisher an allgemeinen Modellsubstanzen (z. B. den Alkalihalogeniden, Erdalkalichalkogeniden, Sulfiden usw.) atomistisch bereits gesicherte Erkenntnisse auf spezielle technische Substanzen zu übertragen. Unter Beachtung einschlägiger Randbedingungen, die sich aus thermoeleastischen, kalorischen und gitterphysikalischen Überlegungen herleiten lassen, soll hier über den Zusammenhang zwischen Kompressibilität und Härte realer mineralischer Stoffe berichtet werden.

2. Einige begriffliche Zusammenhänge

Technische Härte (Mikrohärte nach Vickers, gemessen in kp mm^{-2}, Symbol HV) und Kompressibilität $\varkappa = -1/V \cdot dV/dp$ (gemessen in $cm^2\ dyn^{-1}$) sind begriff-

[1]) 1. Teil eines Auszuges aus der Habilitationsschrift G. Beckmann.

lich nicht eindeutig vergleichbar. Einerseits ist das Ausmaß der Kompressibilität mit dem Widerstand identisch, der dem Zusammendrücken eines Körpers im elastischen Bereich entgegenwirkt, während mit der technischen Härte der Eindringungswiderstand eines Versuchskörpers im plastischen Bereich des Prüflings ermittelt wird. Als Maß für diese „Eindringhärte" wird dabei eine vom Versuchskörper hinterlassene, lastabhängige Oberflächendeformation angesehen.

Nach Bernhardt kann der Härtewert eines Stoffes damit im wesentlichen als ein Maß für die Schubfestigkeit, und die Trennfestigkeit für die Bindungsenergie des Gitters angesehen werden. Beide Größen existieren somit nicht unabhängig voneinander. Weiter müssen dieser Definition zufolge dann aber auch zwischen der Härtewertzahl und einem passend gewählten kalorischen Strukturparameter (etwa der Oberflächenenergie W_0, der molaren Gitterenergie W_G, der Debyetemperatur Θ_D) oder auch atomaren Gitterparametern (wie z. B. Ionenradien bzw. -abständen) einfache Beziehungsfunktionen existieren.

Entsprechende Beziehungen zur Härte sind auch von der Kompressibilität her zu gewinnen, etwa über die Potentialfunktion von Grüneisen-Mie mit Hilfe der Ionenabstände oder auch zwischen Kompressibilität und Debyetemperatur Θ_D: die Funktion

$$\Theta_D = \frac{1}{2\pi} \cdot \frac{h}{k} f\left(\frac{1}{\varkappa}\right) \quad {}^\circ\mathrm{K} \tag{1}$$

läßt sich sogar exakt herleiten (h = Plancksches Wirkungsquantum, k = Boltzmannkonstante). Existiert schließlich atomistisch irgendeine monotone Beziehung zwischen Θ_D und HV, so wird auch eine solche zwischen $\varkappa$ und HV zu erwarten sein.

3. Einige einschränkende Bedingungen

Nach Bernhardt sowie Upit und Varchenya ergibt sich, daß nur zwischen Mikrohärte und Oberflächenenergie eine lineare Beziehung bestehen kann. Die Schaubilder mit der Mikrohärte über Θ_D bzw. W_G (in den Figuren 1 und 2 vom Verfasser zusammengestellt) zeigen polytropischen Verlauf. Dies auch dann, wenn — wie bei den Erdalkalifluoriden mit stark heteropolaren Bindungsanteilen — die betreffenden Kristalle ausgesprochen spröde vorliegen. Grund hierfür ist die Nichterfüllung des Kickschen Ähnlichkeitsgesetzes bei der Mikrohärtebestimmung nach Vickers. Linearität ist nur zu erwarten, sobald die Gestaltsänderung des deformierten Eindruckvolumens und die Verteilung der Spannungen, welche die Deformationen im Prüfeindruck hervorrufen, einem geometrischen Ähnlichkeitsgesetz unterliegen, was am Realkristall aber nicht zu erreichen ist. Es ist also nicht anzunehmen, daß lineare Funktionalbeziehungen zwischen $\varkappa$ und HV angetroffen werden, weder im Schaubild noch auf Grund des Meyerschen Potenzgesetzes.

4. Umrechnungsbeziehungen Mohshärte — Vickershärte

Zur Aufstellung dieses Funktionsbildes ist es sinnvoll, nach Gesichtspunkten des Bindungscharakters vorzugehen, also etwa die Sulfide für sich zu untersuchen, dann die oxidischen und schließlich die einfachen silikatischen Ver-

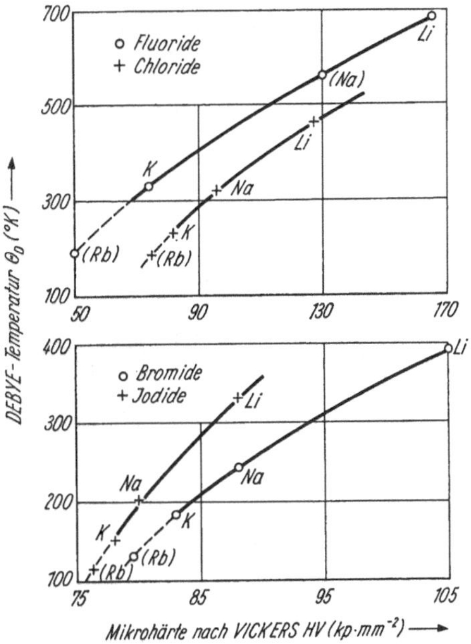

Fig. 1. Zusammenhang zwischen Debyetemperatur und Mikrohärte nach Vickers im Bereich der Alkalihalogenide; nach Tabellenwerten

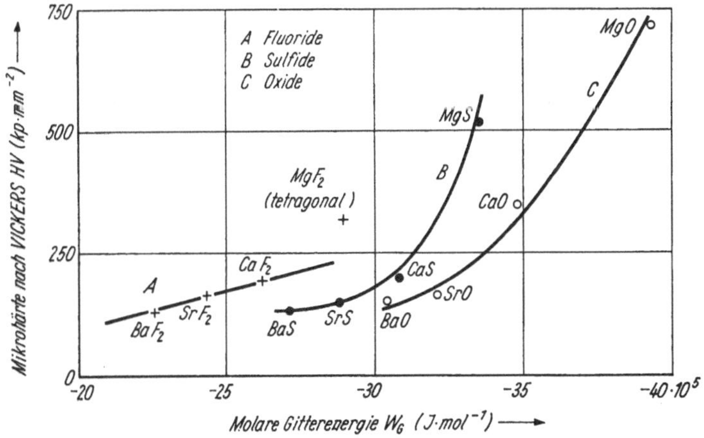

Fig. 2. Darstellung der Mikrohärte nach Vickers über der molaren Gitterenergie für einige kubische Erdalkaliverbindungen. Für die Alkalihalogenide ergeben sich ähnliche Kurven, sie sind etwas weniger gekrümmt

Tabelle 1

Übersicht der experimentellen Härte- und Mikrohärteumrechnung verschiedener Autoren aus der Härtezahl von Mohs, nach Lebedewa

Mineral	Härtezahl nach Mohs	Mikrohärten in kp · mm^{-2}						
		Chrustschow UdSSR 1947	Taylor England 1949	Dimitriew UdSSR 1949	Baranowitsch UdSSR 1953	Taylor USA 1959	Bovy USA 1959	Lebedewa UdSSR 1961
Diamant	10	10060	—	—	—	—	—	—
Korund	9	2060	2085	2050—2200	2080	2055—2191	2099—2144	—
Topas	8	1427	1648	1800—2000	1438	1619—1662	1650—1749	1415—1468
Quarz	7	1120	1103—1206	1200	1120	1097—1168	1097—1150	1023—1236
Orthoklas	6	795	714	780—850	790	743—782	752—792	764—824
Apatit	5	536	659	550—690	534	548—560	548—585	514—555
Flußspat	4	189	200	175—260	195	185—197	192—196	170—198
Kalkspat	3	109	105—145	145—165	107	109—133	99—159	103—148
Gips	2	36	60	39—90	37	47—55	45—58	41—70
Talk	1	2,4	47	10—11	2,8	37—63	33—57	—

bindungen auszuwerten, vielleicht auch einige Gläser. Dabei sei hier eingefügt, daß in der Literatur keinesfalls alle Härteangaben in technischen Vickers-Einheiten zur Verfügung stehen. Vom Verfasser wurde daher versucht, die ältere Skala nach Mohs (auf die Ritzhärte HM bezogen) in Einheiten der Mikrohärte nach Vickers (Eindruckshärte) auszudrücken. Dies ist möglich, sobald

1) die Umrechnung auf Versuchswerten aufgebaut wird,
2) die Umrechnung auf eine einzige Stoffgruppe (z. B. Nichtmetallverbindungen) beschränkt bleibt und wenn
3) die Mindeststreuung angegeben wird.

Eine Übersicht über die experimentellen Ergebnisse einer Reihe von Verfassern zeigt hier Tabelle 1 (Lebedewa). Aus den Mittelwerten der letzten Spalte sowie nach Winkler hat man so, wenn eine Näherung 2. Grades angesetzt wird, die Beziehung

$$HV = 86{,}32 - 90{,}89\, HM + 34{,}59\, (\mathrm{HM})^2 \ \mathrm{kp\ mm^{-2}}, \qquad (2)$$

(Fig. 3). Im Bereich HM = 2 bis HM = 4 ist eine lineare Näherung gemäß

$$\mathrm{HV} = 70\,\mathrm{HM} - 80 \quad \mathrm{kp\ mm^{-2}} \qquad (3)$$

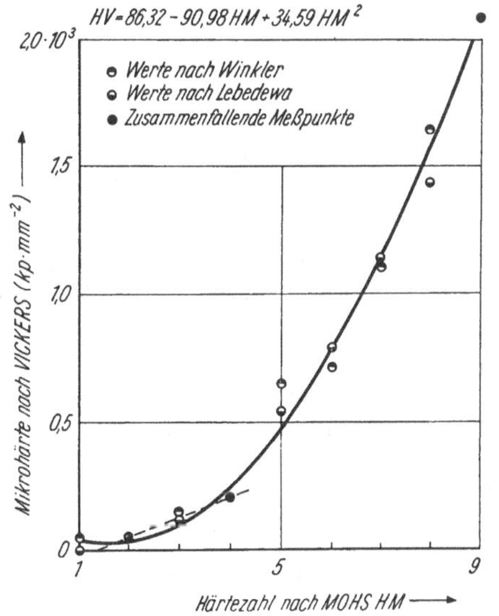

Fig. 3. Statistisch ermittelter Zusammenhang zwischen der Mohsschen Härtezahl HM und der Mikrohärte nach Vickers HV im Bereich HM = 1 bis HM = 9

möglich, welche strichliert eingezeichnet wurde. Der Meßwert für HM = 10 (Diamant) wurde in der Darstellung (2) ausgelassen, da für die interessierenden Stoffe nur Härten bis maximal 3000 kp mm^{-2} (entsprechend HM = 9) in Betracht zu ziehen sind. Auch ist die Härteskala zwischen HM = 9 und HM = 10 bekanntlich extrem gedehnt. Nach neueren Messungen liegt die Härte für Diamant bei HV = 10000 kp mm^{-2} (Lebedewa).

5. Untersuchungsergebnisse

Das Ergebnis der Auswertung $\varkappa$ über HV, durch Auftragung im halblogarithmischen Maßstab rektifiziert, ergibt ein Geradenbüschel gemäß Figur 4. Bemer-

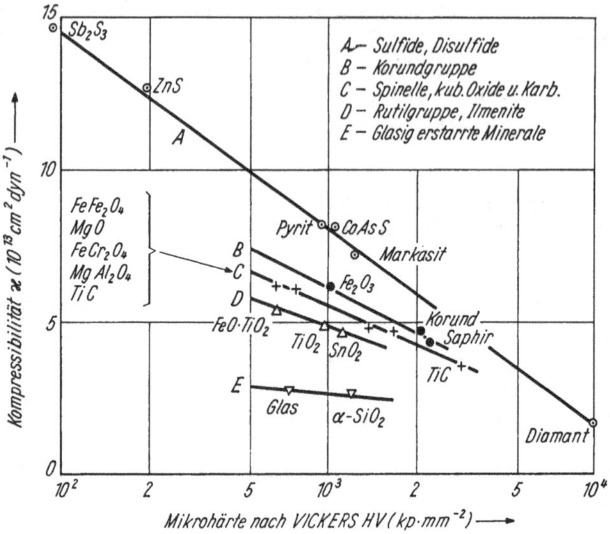

Fig. 4. Kompressibilität $\varkappa$ einiger Minerale in Abhängigkeit von ihrer Mikrohärte nach Vickers HV bei halblogarithmischer Darstellung

kenswert ist, daß die Koordinaten des Konvergenzpunktes ($\varkappa \simeq 1{,}7 \cdot 10^{-13}$ cm^2 dyn^{-1}, HV $= 10000$ kp mm^{-2}) überraschend gut mit den entsprechenden Werten für Diamant übereinstimmen.

Welche Folgerungen ergeben sich hieraus?

1. Es läßt sich tatsächlich die Kompressibilität nichtmetallischer Kristalle über die Bestimmung ihrer Mikrohärte mit Hilfe einer linearen Beziehung

$$\varkappa_i = - m_i \log \mathrm{HV}_i^* + \mathrm{konst} \qquad (4)$$

abschätzen, soweit anderweitig feststeht, welcher kristallchemischen Struktur die Kristalle angehören. Gleichungen der Geraden (4) vgl. Tabelle 2 (BECKMANN).

2. Das absolut größte Steigungsmaß besitzt die Gerade der homöopolar gebundenen Verbindungstypen (Kurve der Sulfide).
3. Das unterschiedliche Steigungsmaß der einzelnen Geraden weist auf den Mischcharakter der in Betracht gezogenen Bindungstypen hin.
4. ist bemerkenswert, daß alle Geraden sich im Diamantpunkt schneiden; Diamant besitzt damit offensichtlich thermoelastische Grenzwerteigenschaften, die von anderen kristallinen Stoffen praktisch nicht über- bzw. unterschritten werden können. Daß Diamant andererseits ein Stoff mit (vermutlich) rein kovalenter Bindung (WINKLER, HILLER,) ist, spielt hierbei sicherlich erst in zweiter Linie eine Rolle, da im Prinzip keine Bindung vor einer anderen ausgezeichnet sein kann.

Da es Kompatibilitätsbedingungen zwischen $\varkappa$ und HV nicht gibt, läßt sich die Geradenschar (4) nur atomistisch begründen (BECKMANN). Eine Begründung der logarithmischen Abhängigkeit von $\varkappa$ bezüglich HV erlaubt dieses Verfahren aber nicht.

Tabelle 2
Analytische Darstellung der Abhängigkeit von Kompressibilität $\varkappa$ und Poissonzahl ν von der Mikrohärte nach Vickers. Ergebnisse der Ausgleichsrechnung

$$f\,(HV^*) = m_i \cdot \log\,(HV^*) + b_i{}^{1)}$$

A) Kompressibilität $\varkappa$ und Mikrohärte nach Vickers

	Stoffgruppe	$f\,(HV^*)$	m_i	$\frac{\Delta m_i}{m_i}$ (%)	b_i	$\frac{\Delta b_i}{b_i}$ (%)
1	Sulfide und Disulfide	$10^{13} \cdot \varkappa$	−6,624	−0,83	+1,71	+2,15
2	Korunde	$10^{13} \cdot \varkappa$	−4,401	−1,05	+1,71	+1,00
3	Spinelle und kub. Oxide	$10^{13} \cdot \varkappa$	−3,808	−1,32	+1,71	+1,56
4	Rutile und Ilmenite	$10^{13} \cdot \varkappa$	−3,220	−0,55	+1,71	+0,46
5	Glasig erstarrte Oxide	$10^{13} \cdot \varkappa$	−0,896	−3,71	+1,71	+0,83
	B) Poissonzahl ν und Mikrohärte nach Vickers					
6	1 bis 4	ν	−0,0405	−2,57	+0,211	+0,41
7	Glasig erstarrte Oxide[2])	ν	+0,0354	+0,435	+0,211	+0,10

[1]) Um im Argument des Logarithmus die Dimension 1 zu erhalten, wurde $HV/HV_D = HV^*$ gesetzt, wobei HV_D die Mikrohärte des Diamanten bezeichnen soll.
[2]) Verlauf der hypothetischen Kurve (strichliert)

Entsprechendes sei zu Figur 5 bemerkt (Abhängigkeit der Poissonzahl ν vom Logarithmus der Härte). Bemerkenswert ist, daß diese Kurve sich nur für Kristalle aufstellen läßt, deren Bausteine (bzw. Ionen) zwei- und höherwertigen Elementen entstammen (sie gilt also nicht für die Reihe der Alkalihalogenide usw.). Man hat aber so eine Möglichkeit, gemäß

$$E = \frac{3\,(1 - 2\,\nu)}{\varkappa} \quad \mathrm{dyn} \cdot \mathrm{cm}^{-2} \tag{5}$$

auch die Elastizitätsmoduln der Kristalle aus ihrer Härte abzuschätzen, indem man die Gleichung

$$\nu_i = -0{,}0405 \cdot \log \mathrm{HV}_i^* + 0{,}211 \tag{6}$$

jeweils mit den Gleichungen für $\varkappa_i$ in Gl. (5) einsetzt. Es ergibt sich dann Figur 6.

Zur Frage der Bestimmung von Debyetemperaturen, von Schallgeschwindigkeiten und Ausdehnungskoeffizienten aus thermoelastischen Daten unter Einbeziehung der Größen gemäß Gl. (4), Gl. (5) und Gl. (6) wird in einem zweiten Teil berichtet.

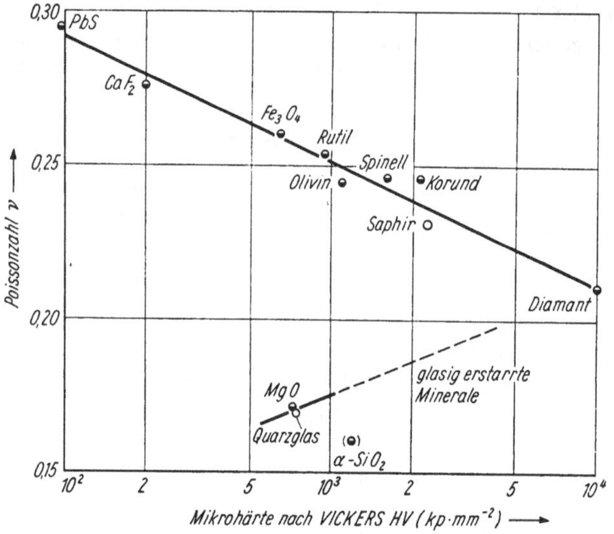

Fig. 5. Abhängigkeit der Poissonzahl ν von der Mikrohärte nach Vickers. Kreispunkte: aus Pauschalwerten E und $\varkappa$ bestimmt, gefüllte Kreispunkte: aus den Moduln c_{ik} bzw. am Einkristall bestimmt

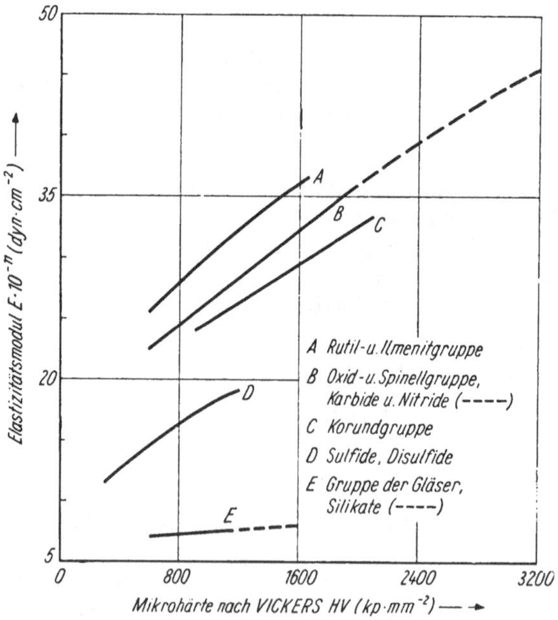

Fig. 6. Abhängigkeit des Elastizitätsmoduls E nichtmetallischer Substanzen von ihrer Mikrohärte nach Vickers, berechnet aus den Ausgleichsgeraden in Figur 4 und 5

6. Zusammenfassung

Zur Abschätzung der Kompressibilität feindispers vorliegender Kristalle (oder auch von Mineralen, die infolge Mangels an Masse nicht physikalisch untersucht werden können) wurden die Bedingungen geprüft, für welche eine Bestimmung der Mikrohärte vermittelnd herangezogen werden kann. Es ergibt sich, daß dies unter Beachtung gewisser Randbedingungen aus der kristallchemischen Bindungslehre quantitativ möglich wird. Es ergeben sich einfache thermoelastische Beziehungen, die über die rein kovalente Bindung des Diamanten atomistisch begründet werden können. Ein kurzer Ausblick über den technischen Nutzen wird abschließend gegeben.

Der Autor dankt Herrn Prof. Dr. habil. F. Günther für eine Reihe wertvoller Diskussionen.

Literatur

Beckmann, G.: Habilitationsschrift, Bergakademie Freiberg 1969
Bernhardt, O. E.: Z. Metallkunde **33**, 124 (1941)
Hiller, J. E.: Grundriß der Kristallchemie, Berlin 1952
Lebedeva, S. I.: Opredelenie mikrotwerdosti mineralov. Isdat. AN SSSR, Moskva 1963
Upit, G. P., Varchenya, S. A.: phys. stat. sol. **17**, 831 (1966)
Winkler, H. G. F.: Struktur und Eigenschaften der Kristalle, Berlin 1950

(Eingegangen am 31. März 1970)

Anschrift des Verfassers:

Prof. Dr.-Ing. habil. G. Beckmann
Ingenieurhochschule Zittau
88 Zittau
Straße der Jungen Pioniere 2

| Kristall und Technik | 6 | 1 | 1971 | 119–129 |

G. BECKMANN

Sektion Physik der Bergakademie Freiberg

Einige Konsequenzen aus der Grüneisenregel bei der Untersuchung kristalliner Nichtmetallverbindungen in homologen Bindungsgruppen[1])

Emplyoing Grüneisen's 3rd rule to homologous bonding-groups of nonmetallic crystalline substances (γ = const) reveals a modified Hannemann-Gatos-relation. Plots of the thermoelastic coefficient $\alpha \cdot V = \partial V/\partial T$ and compressibility $\varkappa$ versus $C_p \simeq C_V$ points out that a linear dependence from the molal heat capacity must exist. As the relations derived from Grüneisen's formula are not strongly compatible with the 1st law of thermodynamics, the experimentally observed results were related to the Debye theory of solids. The reliability of interpolated terms α and $\varkappa$ (e. g. for unknown substances, or because of lack of data) had been sufficient.

Die Untersuchung der 3. Grüneisenregel im Gebiet homologer Bindungsgruppen führt bei nichtmetallischen, kristallinen Substanzen (da γ dann praktisch konstant ist) auf eine modifizierte Hannemann-Gatos-Beziehung. Bei Auftragung des thermoelastischen Koeffizienten $\alpha \cdot V = \partial V/\partial T$ sowie der Kompressibilität $\varkappa$ über $C_p \simeq C_V$ ergibt sich eine lineare Abhängigkeit von der Molwärme. Die Herleitung dieser Beziehung aus der Grüneisenregel ist mit dem 1. Hauptsatz nicht streng kompatibel, weshalb die experimentell erhaltenen Werte über Debyetemperaturen mit Bestimmungen anderer Autoren verglichen werden. Die Zuverlässigkeit von interpolierten α- und $\varkappa$-Werten (z. B. für unbekannte Substanzen oder zur Ergänzung noch fehlender Daten) ist befriedigend.

1. Einleitung

In einer früheren Veröffentlichung (BECKMANN) war gezeigt worden, daß innerhalb kristallchemisch definierter Kristallgruppen, welche nach Gesichtspunkten ihres Bindungscharakters geordnet sind (z. B. Korund-, Spinellstrukturen, Sulfide usw.), gewisse „Beziehungsfunktionen" bestehen. Als Beispiele wurden solche zwischen Kompressibilität und Härte, Debyetemperatur und Härte und andere untersucht. Im vorliegenden Teil sollen weitere thermoelastische Zusammenhänge im Bereich der sulfidischen, oxidischen und silikatischen Strukturen aufgezeigt werden, welche sich als Konsequenz aus der Veröffentlichung des ersten Teils ergeben.

2. Einige mathematische Zusammenhänge

Untersucht man die 3. Grüneisenregel nach thermoelastischen Gesichtspunkten, so zeigt sich, daß die sog. Grüneisenkonstante

$$\gamma = \frac{\alpha \cdot V}{C_V \cdot \varkappa} \tag{1}$$

[1]) 2. Teil eines Auszuges aus der Habilitationsschrift G. BECKMANN.

proportional dem thermoelastischen Koeffizienten

$$dV/dT = \alpha \cdot V \quad \mathrm{cm^3 \cdot grd^{-1} \cdot mol^{-1}} \tag{2}$$

ist (α = kub. Ausdehnungskoeffizient, V = Molvolumen, $C_V \simeq C_p$ = Molwärme, $\varkappa = -dV/V \cdot dp$ = Kompressibilität, T = abs. Temperatur). Kann γ praktisch als konstant angesehen werden, so würde die Änderung von αV in Abhängigkeit von $\varkappa$ und C_p

$$d\,\alpha\,V = \frac{d\,\alpha\,V}{d\,C_p} \cdot dC_p + \frac{d\,\alpha\,V}{d\varkappa} \cdot d\,\varkappa \tag{3}$$

betragen. Dieser Ausdruck läßt sich experimentell nachprüfen, sobald die partiellen Differentiale durch ihre Argumente ersetzt werden können:

$$d\,\alpha\,V = \frac{\alpha\,V}{C_p} \cdot d\,C_p + \frac{\alpha\,V}{\varkappa} \cdot d\,\varkappa\,. \tag{4}$$

Dann müssen lineare Funktionen zwischen αV und C_p sowie zwischen $\varkappa$ und C_p (oder auch zwischen αV und $\varkappa$) bestehen. Die zugehörigen Steigungsmaße würden hierbei

$$\frac{d\alpha\,V}{dC_p} = \frac{\alpha\,V}{C_p} + \frac{\alpha\,V}{\varkappa} \cdot \frac{d\varkappa}{dC_p} \tag{5}$$

$$\frac{d\varkappa}{dC_p} = \frac{\varkappa}{\alpha\,V} \cdot \frac{d\,\alpha\,V}{dC_p} - \frac{\varkappa}{C_p} \tag{6}$$

$$\frac{d\,\alpha\,V}{d\varkappa} = \frac{\alpha\,V}{C_p} \cdot \frac{dC_p}{d\varkappa} + \frac{\alpha\,V}{\varkappa} \tag{7}$$

betragen. Sobald man also über wenigstens zwei „Leitsubstanzen“ einer kristallchemischen Strukturgruppe verfügt, von denen die jeweiligen Quadrupel (α, V, C_p, $\varkappa$) bekannt sind, lassen sich für Substanzen, die nicht immer als gut ausgebildete, vermeßbare Kristallexemplare vorliegen, einzelne n-Tupel (α, C_p oder $\varkappa$) aus dem Kollektiv der Geraden (5) bis (7) interpolieren.

3. Experimentelle Nachprüfungen

Es ergibt sich, daß die Linearität bei homologer Anordnung der Substanzen innerhalb ihrer spezifischen Bindungsgruppen im Prinzip gut erfüllt, γ unter diesen Bedingungen also praktisch konstant ist. Figur 1 zeigt z. B. αV und $\varkappa$ als Funktion von C_p für alle kubisch im NaCl-Gitter kristallisierenden Karbide (metallische Bindung), in Figur 2 ist αV über $\varkappa$ aufgetragen (Werte berechnet aus Ausdehnungskoeffizient α und Elastizitätsmodul E nach Samsonov und Portnoj sowie Poissonzahl ν (HV) nach Beckmann). Danach ist NbC (Literaturwert) vermutlich als Fehlbestimmung aufzufassen, oder das Präparat wies eine gewisse Porosität auf (daher Korrektur durch Verschiebung nach links). Die Darstellung von αV über $\varkappa$ ist von besonderem Wert bei der Untersuchung von Halbleiterverbindungen und ihrer Eigenschaften. So unterscheiden sich z. B. die C_p-Werte homologer Halbleiter-Verbindungen nur sehr wenig, Tabelle 1, was eine graphische Darstellung von αV oder $\varkappa$ über C_p praktisch ausschließt. Die gesuchten $\varkappa$-Werte erhält man dann genauer über das Schema gemäß Fig. 2.

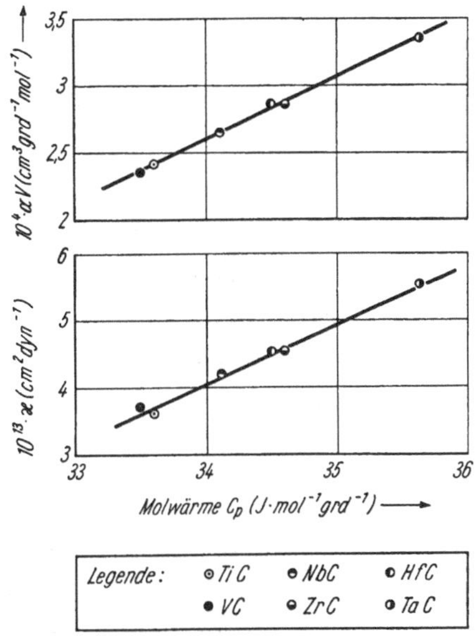

Fig. 1. Abhängigkeit der Größen α V und $\varkappa$ von der Molwärme C_p im System der kubischen Metallkarbide

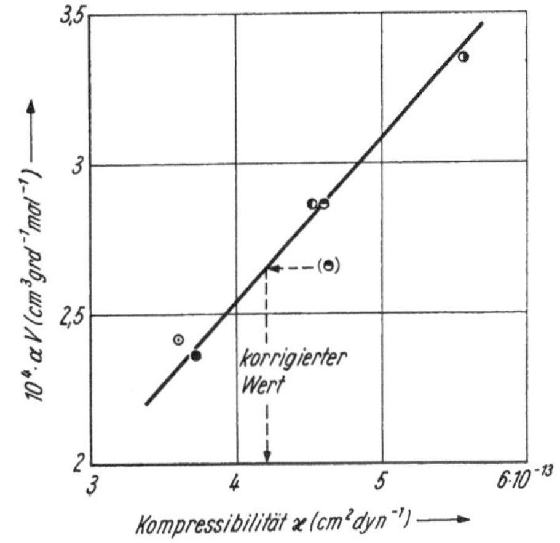

Fig. 2. Abhängigkeit der Größe α V von der Kompressibilität $\varkappa$ im System der Metallkarbide. Legende vgl. Figur 1

Ähnlich ist der Rechnungsgang bei der rhomboedrischen Korundgruppe (Figur 3; überwiegend ionare Bindung). Als Leitsubstanzen standen Al_2O_3, Cr_2O_3 und Fe_2O_3 zur Verfügung, es interessierten die Parameter für V_2O_3 und Ti_2O_3 (nur als Fällungsprodukte zu erhalten). Tabelle 2 zeigt den Vorrat der Eingangswerte bei homologer Anordnung, die interpolierten Werte wurden hervorgehoben. Obwohl Cr_2O_3 bei 305 °K einen NÉELpunkt aufweist, weicht der jeweilige αV- bzw. $\varkappa$-Wert über C_p kaum von der Geraden ab (Figur 3). Will man den Cr_2O_3-Punkt trotzdem auslassen, so geht man zweckmäßig zu den Zweipunkte-Geraden (Al_2O_3-Fe_2O_3)

$$\alpha\ V(C_p) = 7{,}92 \cdot 10^{-6} \cdot C_p - 1{,}04 \cdot 10^{-4}\ cm^3\ mol^{-1} \cdot grd^{-1} \tag{8}$$

$$\varkappa(C_p) = 6{,}50 \cdot 10^{-15} \cdot C_p - 0{,}70 \cdot 10^{-13}\ cm^2\ dyn^{-1} \tag{9}$$

Tabelle 1

Zur Abschätzung von Halbleitereigenschaften (Bleichalkogenide, $A^{III}B^{V}$-Verbindungen). Zusammenstellung der bisher bekannten kristallchemischen Werte nach Hadamovsky sowie Gürs, vom Verfasser thermoelastisch interpolierte Werte hervorgehoben

Lfd. Nr.	Substanz	Gitterkonstante $a \cdot 100$ (nm)	Dichte ϱ ($g\,cm^{-3}$)	Kub. Ausdehnungskoeff. α (1/grd) $\cdot 10^6$	Kompressibilität $\varkappa$ in ($cm^2\,dyn^{-1}$) $\cdot 10^{13}$	Molwärme C_p ($J\,grd^{-1} \cdot mol^{-1}$)	Grüneisenkonstante γ[1]	Debyetemperatur Θ_D (°K)
1	PbS	59,1	7,55	59,7	16,13	49,4	1,96	227
2	PbSe	61,4	8,10	63,0	18,12[2]	50,2	2,45	138
3	PbTe	64,4	8,16	81,0	24,82	50,7	2,65	125
4	GaP	54,5	4,13	15,9	10,21[2]	22,2[2]	1,67	478[2]
5	GaAs	56,5	5,32	17,1	13,25	22,9	1,53	355
6	GaSb	60,9	5,60	18,0	17,72	24,0	1,45	250
7	InP	50,7	4,78	13,5	13,60[2]	22,9	1,32	420
8	InAs	60,6	5,66	15,9	17,25	23,7	1,31	280
9	InSb	64,8	5,77	16,5	21,51	24,6	1,28	205

[1]) Vom Verfasser berechnete Werte

[2]) Vom Verfasser interpolierte Werte

Tabelle 2

Eingangswerte für die vollständige Bestimmung von thermoelastischen Größen im System der Korundstrukturen

Lfd. Nr. [1]	Formel	Name des Minerals	Gitterdaten $a \cdot 100$ (nm)	Gitterdaten α' im Gradm.	Mikrohärte nach Vickers (kp mm^{-2})	Schmelz-temp. T_S (°K)	Molekular-masse M	Dichte ϱ (g cm^{-3})
1	Al_2O_3	Korund	51,3	55°17′	2108	2320	101,94	3,92
2	Ti_2O_3	n. b.	54,2	56°50′	1120u	2170	143,80	4,56
3	V_2O_3	Karelianit	54,5	53°49′	1850	2243	149,90	4,87
4	Cr_2O_3	Eskolait	53,5	55°	2300	2473	152,05	5,18
5	Fe_2O_3	Hämatit	54,2	55°17′	1009	1843	159,07	5,24

Lfd. Nr. [1]	Formel	Kompressi-bilität $\varkappa$ (cm^2 dyn^{-1}) · 10^{13}	$\alpha \cdot V$ 10^4 in (cm^3 grd^{-1} · mol^{-1})	Molvolumen V (cm^3 mol^{-1})	Koeff. der kub. Ausd. α (1/grd) · 10^6	Molwärme C_p (J grd^{-1} · mol^{-1}) bei 40 °K	Molwärme C_p (J grd^{-1} · mol^{-1}) bei 300 °K	$V_A^{\frac{1}{3}} \cdot 100$ (nm)
1	Al_2O_3	4,32p	5,08	25,00	20,3	0,96	77,3	35,2
2	Ti_2O_3	5,63i	6,67i	31,50	21,2i	2,78	97,4	37,4
3	V_2O_3	6,05i	7,19i	30,80	23,6i	3,75	103,9	36,6
4	Cr_2O_3	6,46p	8,40	29,20	28,8	2,75	117,6	36,3
5	Fe_2O_3	6,16p	7,32	30,55	23,9	3,98	105,6	36,9

Anmerkung: [1]) Lfd. Nr. der Leitsubstanzen unterstrichen

Abkürzungen: i = interpoliert aus den übrigen n-Tupeln
u = umgerechnet aus HM; vgl. Teil 1, Gl. (2)
p = Pauschalwert, am Vielkristall bestimmt
n.b. = nicht bekannt

Tabelle 3

Folgewerte aus der vollständigen Bestimmung von thermoelastischen Größen im System der Korundstrukturen. Legende vgl. Tabelle 2; Werte mit * vgl. Tabelle 4.

Lfd. Nr. [1]	Formel	Poissonzahl ν	Elastizitäts-modul E (dyn cm^{-2}) · 10^{-11}	Schubmodul G (dyn cm^{-2}) · 10^{-11}	Mittl. Schallgeschw. v_M (cm s^{-1}) · 10^{-5} bei Raumtemp. (300 °K)	Debye-Temperaturen Θ_D (°K) aus $v_M(0)$	Debye-Temperaturen Θ_D (°K) aus $C_p(T)$	Grüneisen-konstante γ
1	Al_2O_3	0,236*	36,62	14,84	6,84	467	507	1,520
2	Ti_2O_3	0,250*	26,20	10,66	5,37	350	347	1,217
3	V_2O_3	0,241*	25,66	10,38	5,07	339	308	1,146
4	Cr_2O_3	0,237*	24,38	9,87	4,85	324	350	1,104
5	Fe_2O_3	0,252*	24,17	9,67	4,76	314	300	1,127

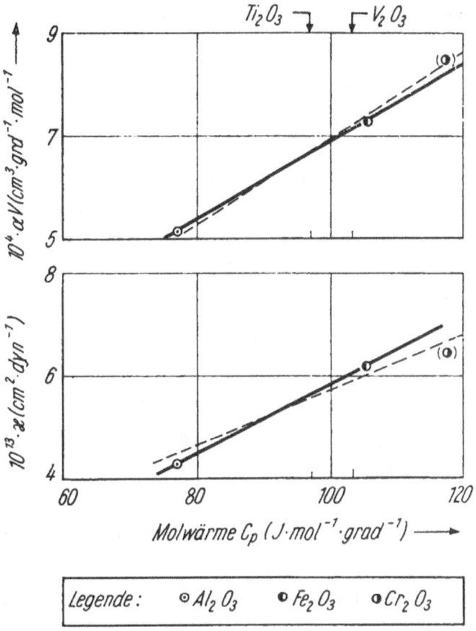

Fig. 3. Abhängigkeit der Größen αV und von der Molwärme C_p im System der Korundstrukturen. Strichliert: Ausgleichsgerade mit drei Leitsubstanzen, ausgezogen: Zweipunktegerade Al_2O_3-Fe_2O_3

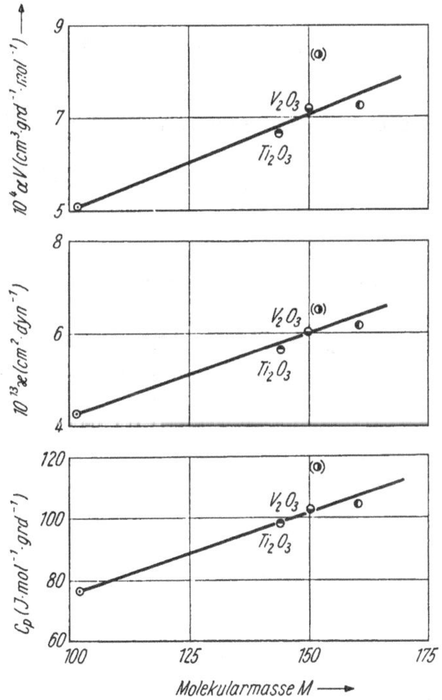

Fig. 4. Darstellung der Korundgruppe über der Molekularmasse M. Die interpolierten Werte für Ti_2O_3 und V_2O_3 sind mit eingetragen worden. Legende wie in Figur 3

über. Die Folgewerte zeigt Tabelle 3. Danach fügen sich die thermoelastischen Größen für die schlecht untersuchbaren Substanzen dem Betrage nach gut in den Rahmen der Leitsubstanzen ein. Die statistische Unsicherheit für die Bestimmung der n-Tupel (8) und (9) betrug etwa 8%. Bei Auftragung der n-Tupel über der Molekularmasse M, Figur 4, nimmt die statistische Unsicherheit etwas zu. Obwohl M keine Zustandsgröße im eigentlichen Sinne darstellt, sondern mehr als Ordnungsparameter zu gelten hat, ergibt sich auch über M eine Möglichkeit zur linearen Interpolation.

Es lassen sich also die kristallchemischen Bindungsgruppen auch physikalisch durch spezifische Beziehungsfunktionen quantitativ beschreiben (Gleichungen (8) und (9) usw.). Insgesamt wurden vom Verfasser 11 Bindungsgruppen mit zusammen 60 Substanzen untersucht (BECKMANN). Hierbei ergab sich eine Reihe von Besonderheiten, z. B. in der Rutilgruppe, in der Gruppe der kubischen AX-Verbindungen oder in der Gruppe der Olivine. Von den Rutilstrukturen ließen sich gewisse Substanzen röntgenographisch nicht ganz eindeutig untersuchen (z. B. VO_2, MnO_2, WO_2 usw.). Bei den kubisch kristallisierenden AX-Verbindungen existieren einige Substanzen praktisch nur als kristalline Phasen, die in gewissen Temperatur- und Konzentrationsbereichen stabil sind (TiO, FeO, MnO usw.). Auch stören bestimmte magnetische Eigenschaften offensichtlich die linearen Zusammenhänge (NiO). In der Olivingruppe scheint dagegen — im Gegensatz zu den Spinellstrukturen — die Kompressibilität mit unterschiedlichen Anteilen der isotyp gelösten Verbindungsanteile (FeO, MnO usw.) zu stärkeren Schwankungen Anlaß zu geben. Dies drückt sich in einigen herausfallenden γ-Werten innerhalb dieser Gruppe aus.

4. Zur Frage der Debyetemperaturen

Zur Kontrolle der erhaltenen Meßwerte wurden daher zweckmäßig Debyetemperaturen Θ_D verwendet, welche z. T. direkt bestimmt (Figur 5), z. T. kalorisch

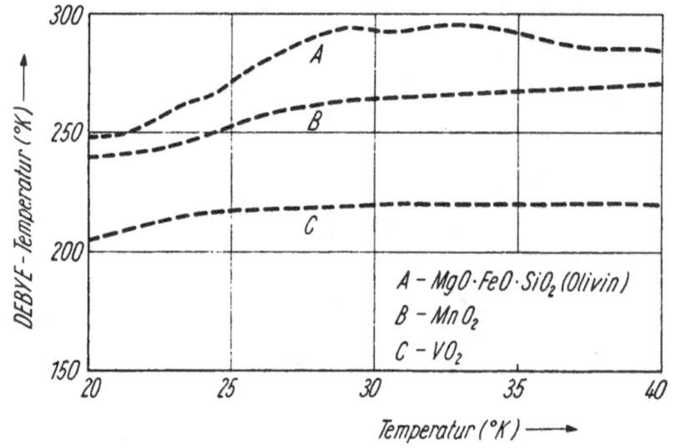

Fig. 5. Verlauf der experimentell bestimmten Θ_D-Werte zwischen 20 und 40 K

oder thermoelastisch berechnet wurden. Im Gebiet $T < 40$ °K ist zwischen C_p und C_V praktisch kein Unterschied mehr vorhanden, so daß für $T \rightarrow 0$

$$\Theta_D = 12{,}4 \cdot T \cdot C_p\,(T)^{-1/3} \quad \text{°K} \tag{10}$$

geschrieben werden kann (kalorische Berechnung mit Hilfe der Debyefunktion). Ist andererseits der Verlauf von $C_p(T)$ unbekannt, so ergibt sich aus der Gittertheorie die Beziehung

$$\Theta_D = \left(\frac{c(\nu) \cdot 10^{-21}}{\varrho \cdot \varkappa \cdot V_A^{2/3}}\right)^{1/2} \quad \text{°}K\,, \tag{11}$$

welche streng nur für $T \to 0$ gilt (Dichte $\varrho \to \varrho_0$, Kompressibilität $\varkappa \to \varkappa_0$; V_A = Volumen eines Atoms in der Elementarzelle). Die Funktion $c(\nu)$ ist als Figur 6 beigegeben. Für Werte bei Raumtemperatur ergeben sich gewisse

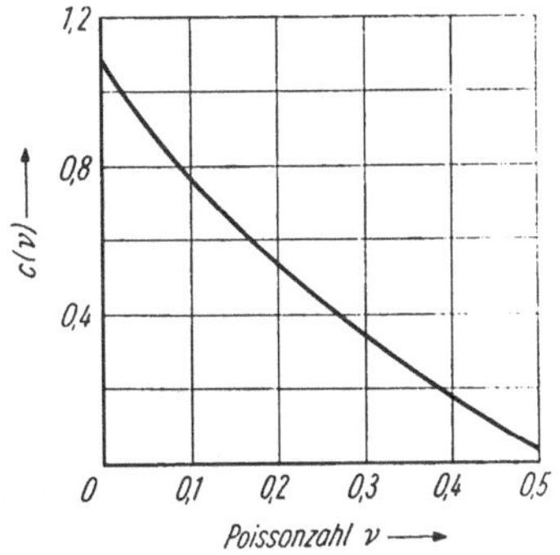

Fig. 6. Verlauf der Funktion $c(\nu)$ zur Berechnung der Debyetemperatur aus der Kompressibilität und umgekehrt

Abweichungen für Θ_D, welche aber, da alle ausschlaggebenden Größen im Nenner stehen, etwa 6% nicht überschreiten. Gl. (11) eignet sich daher besser zur Interpolation innerhalb einer Bindungsgruppe, wenn darin eine Leitsubstanz mit bekanntem Θ_D-Wert vorhanden ist; dann gilt

$$\frac{\Theta_1^2}{\Theta_2^2} = \frac{c_1(\nu) \cdot \varrho_2 \cdot \varkappa_2 \cdot V_{A2}^{2/3}}{\varrho_1 \cdot \varkappa_1 \cdot V_{A1}^{2/3} \cdot c_2(\nu)}. \tag{12}$$

In Tabelle 4 sind für einige ausgewählte Stoffe diese Θ_D-Werte zusammengestellt worden. Zum Vergleich sind entsprechende, kalorisch bestimmte Θ_D-Werte beigegeben (meist bezogen auf 40 °K) und, soweit erreichbar, aus den elastischen Konstanten c_{ik} berechnete Θ_D-Werte.

Es bildet sich dann eine einfache Systematik der Meßwerte heraus. Soweit eine überwiegend kovalent-metallische Bindung vorliegt, sind die kalorischen Werte durchweg kleiner als die aus Gl. (11) berechenbaren thermoelastischen Werte von Θ_D (Karbide, Sulfide und Disulfide), während bei den Oxiden (überwiegend polare Bindungen) das Umgekehrte stattfindet. Inwieweit einige Abweichungen von dieser Regel auf spezielle Bindungs- oder Spinanomalien schließen lassen, sei jedoch dahingestellt. Die Differenzen in den Θ_D-Werten sind z. T. recht klein und andererseits steht in Bezug auf eine Reihe von Substanzen noch gar nicht fest, welche Bindungsverhältnisse dort wirklich vorliegen (z. B. in der Rutilgruppe, Seitz). Auf jeden Fall bringt aber Tafel 2 die wesentlichen Unterschiede im Bindungscharakter der Substanzen klar zum Ausdruck, so daß die thermoelastischen Quadrupelbestimmungen im Rahmen der durchgeführten Ausgleichsrechnungen (Gleichungen (5) bis (7) usw.) zutreffend sein müssen. Sie können mithin als Folgewerte für weitere Berechnungen benutzt werden.

5. Zusammenfassung

Im Bereich einiger kristallchemisch einheitlich definierter Kristallgruppen mit gleichem Bindungscharakter bestehen jeweils lineare Beziehungen zwischen den Quadrupeln α, V, C_p und $\varkappa$, so daß sich diese Gruppen auch physikalisch durch

Tabelle 4

Auswahl von kalorisch und elastisch bestimmten Werten für Debyetemperaturen im Bereich einiger kristallchemisch definierter Bindungsgruppen

Formel	Dichte ϱ (g cm^{-3})	Poisson-zahl ν	$V_A^{\frac{1}{3}} \cdot 100$ (nm)	Debye-temperaturen $\Theta_{\text{kal.}}$ (°K)	$\Theta_{\text{elast.}}$ (°K)	Zusätze (°K)
TiC	4,93	0,227*	27,2	540	613	708c_{ik}
VC	5,77	0,238*	27,1	436	549	—
ZrC	6,91	0,236	29,4	n. b.	420	525c_{ik}
TaC	14,33	0,236*	28,0	245h	277	—
Al_2O_3	3,92	0,241*	35,2	507	467	—
Ti_2O_3	4,56	0,250*	37,4	347	350	—
V_2O_3	4,87	0,241*	36,4	308	339	—
Cr_2O_3	5,18	0,237*	36,3	350	324	—
Fe_2O_3	5,24	0,252*	36,9	300	314	
MgO	3,58	0,171c	26,5	626	641	626 Lit.
TiO	4,88	0,256*	26,7	436	440	—
MnO	5,36	0,259*	27,9	n. b.	376	—
FeO	5,70	0,259*	27,0	360	346	—
NiO	6,81	0,259*	26,2	418	265	—
TiO_2	4,23	0,251*	31,3	292	435	318 Lit.
VO_2	4,34	0,253a	30,9	200	402	—
MnO_2	5,03	0,258*	30,3	271	425	—
SnO_2	6,95	0,250*	32,8	305	340	—
MnS	3,99	0,276*	32,8	200	274	—
ZnS	4,03	0,279*	34,0	227	255	272c_{ik}
PbS	7,55	0,295*	37,4	120	132	173c_{ik}
FeS	4,84	0,276*	30,8	217	287	—
NiS	5,30	0,282*	34,8	287	214	294 Lit.
FeS_2	4,87	0,247*	23,6	443	470	489c_{ik}
$Al_2O_3 \cdot MgO$	3,57	0,246c	40,5	500	396	457c_{ik}
$Cr_2O_3 \cdot FeO$	4,90	0,278*	42,1	320k	303	371c_{ik}
$2MgO \cdot SiO_2$	3,28	0,250*	41,9	408	344	—
$FeO \cdot MgO \cdot SiO_2$	3,12	0,249*	41,8	285	307	—
$2FeO \cdot SiO_2$	4,27	0,251*	42,8	300	269	—
SiO_2 (α—)	2,65	0,161c	36,8	296	218	204 Lit.
Quarzglas	2,20	0,171*	am.	277	am.	—

Anmerkungen:

a = angenommener Wert

am. = amorphe Substanz; Wert nicht bestimmbar

c = aus den Elastizitätskonstanten c_{ik} bestimmt

c_{ik} = Θ-Werte berechnet nach der Theorie von QUIMBY und SUTTON aus den c_{ik}-Moduln des Einkristalls.

h = bei 50 °K bestimmt

k = bei 60 °K bestimmt

Lit. = Anderweitig bestimmte Θ-Werte aus der Literaturauswertung.

* = aus ν (HV) bestimmt; vgl. Teil I, Gl. (6)

lineare Funktionen analytisch darstellen lassen. Die thermoelastische Untersuchung der Grüneisenregel zeigt weiter, daß die γ-Werte bei homologer Anordnung der Substanzen in diesen Gruppen nur einen geringfügigen Gang mit der Molekularmasse aufweisen, welcher vernachlässigt werden kann ($\gamma =$ konst).

Hingegen zeigt die Reihe der Debyetemperaturen eine Abhängigkeit vom Bindungscharakter: bei überwiegend kovalentem Bindungsanteil liegen die thermoelastisch bestimmten Θ_D-Werte über den kalorisch bestimmten, bei überwiegend ionar gebundenen Substanzen unter den kalorisch bestimmten Werten.

Herrn Prof. Dr. habil. F. GÜNTHER ist der Verfasser für wertvolle Hinweise und einige kritische Bemerkungen sehr zu Dank verpflichtet.

Literatur

BECKMANN, G.: Kristall und Technik, dieses Heft 109 (1971)

BECKMANN, G.: Habilitationsschrift, Bergakademie Freiberg, 1969

GÜRS, U., K. GÜRS: Halbleiter, in: Landolt-Börnstein, Zahlenwerte und Funktionen Bd. IV/Teil 2a, S. 698, Berlin 1965

HADAMOVSKY, H. F.: Halbleiterwerkstoffe, Leipzig 1968

QUIMBY, S. L., SUTTON, P. M.: in: Handbuch der Physik, herausgegeben von S. Flügge, Bd. VII/Teil 1, Berlin 1955

SAMSONOV, G. U., PORTNOJ, K. J.: Splavy na osnove tugoplavkich soedinenij, Moskva 1961

SEITZ, F.: The modern theory of solids, New York 1940

(Eingegangen am 25. März 1970)

Anschrift des Verfassers:

Prof. Dr.-Ing. habil. G. BECKMANN
Ingenieurhochschule Zittau
88 Zittau
Straße der Jungen Pioniere 2

Kristall und Technik	6	1	1971	131–143

HELGA HILDEBRAND

Section of Metallurgy and Material Engineering of the Mining Academy, Freiberg/Sachsen

Dislocation Densities in Copper Single Crystals after Thermal Treatment[1])

Copper crystals of high purity and doped with nickel were subjected to a long time thermal treatment at 1050 °C, in order to reduce the as-grown dislocation density of about 10^7 cm^{-2}. A dissolution of the dislocations during their motion to the crystal surface was observed. Regions of different dislocation densities arose. Finally the crystals exhibited constant dislocation densities of 10^2 cm^{-2}. Such a perfection or a better one of the crystals is reached only by a long time treatment, since the dislocation velocity without external stresses cannot exceed $1 \cdot 10^{-7}$ cm · s^{-1} in copper single crystals of high purity.

Reinste sowie nickeldotierte Kupfereinkristalle wurden, um die eingewachsene Versetzungsdichte von etwa 10^7 cm^{-2} herabzusetzen, einer langdauernden Wärmebehandlung bei 1050 °C unterworfen. Es wurde eine Auflösung der Versetzungen während ihrer Bewegung zur Kristalloberfläche beobachtet. Es entstanden Zonen unterschiedlicher Versetzungsdichte. Die Kristalle hatten schließlich konstante Versetzungsdichten von 10^2 cm^{-2} aufzuweisen. Eine derartige oder bessere Perfektion der Kristalle wird nur durch eine längere Glühdauer erreicht, da die Versetzungsgeschwindigkeit ohne äußere Spannung in reinsten Kupferkristallen nicht größer als etwa $1 \cdot 10^{-7}$ cm · s^{-1} werden kann.

1. Introduction

The observation of dislocation multiplication, which can be carried out by the metallographic etch pit technique between the steps of a plastic deformation, requires sufficiently low initial dislocation densities in the undeformed crystals (YOUNG; MARUKAWA; HORDON; KITAJIMA, TONDA, KAIEDA; ARGON, BRYDGES; SUZUKI, ISHII; TINDER, WASHBURN; WASHBURN, VELLAIKAL, KITAJIMA). Copper crystals, grown by the Bridgman method in machined graphite crucibles, commonly exhibit dislocation densities ranging from 3×10^6 to 3×10^7cm^{-2}. In order to lower these relatively high dislocation densities, LIVINGSTON proposed a thermal cycling treatment between 750° and 1050 °C. The aim of this paper is to communicate and to discuss the results obtained after thermal treatment in single crystals of pure and nickel doped copper with respect to the change of dislocation density and distribution.

2. Experimental

Electrolytic copper was finally threefold purified in an electrolytic bath of sulphuric acid and subsequently treated 15 passes by zone melting. The impurity content of

[1]) Part I of the dissertation H. HILDEBRAND.

11 analyzed elements in copper (B_1 and B_2) is given in Table 1. Copper with a purity of 99,9995% was used for galvanizing with nickel in a clean $NiSO_4$-$C_6H_5Na_3O_7 \times H_2O$ — bath. Zone melting by further 15 passes produced a uniform distribution of Ni in the volume of the ingots. Nickel contents of doped copper material L_1 up to L_5 are listed in Table 1.

Table 1

Doping and impurity contents in the used copper crystals (wt.-ppm)

Cu	Ag	As	Bi	Fe	Ni	Pb	Sb	Se	O	N	H
B_1	<0.1	0.8	<0.1	<0.1	0.3	0.4	0.2	<0.1	1.7	0.18	0.28
B_2									1.9	0.11	0.21
L_1	<0.1	0.8	<0.1	0.5	3.5	0.4	0.2	<0.1	1.5	0.09	0.07
L_2	<0.1	0.8	<0.1	0.8	67	0.4	0.2	<0.1	0.99	0.06	0.09
L_3	<0.1	0.8	<0.1	1.4	88	0.4	0.2	<0.1	1.3	0.06	0.10
L_5	<0.1	0.8	<0.1	1.0	541	0.4	0.2	<0.1	2.0	0.07	0.18
L_4	<0.1	0.8	<0.1	1.5	1894	0.4	0.2	<0.1	0.92	0.11	0.05

Copper single crystals were grown by the Bridgman method in an argon atmosphere with 4 mm in diameter, 140 mm in length and with uniform orientation near the C 14 one according to DIEHL in the stereographic standard triangle. The dislocation densities at the surface and in the volume of the as-grown crystals were equal and reached values of from 6×10^6 up to 2×10^7 cm^{-2} Figure 1 shows the disloca-

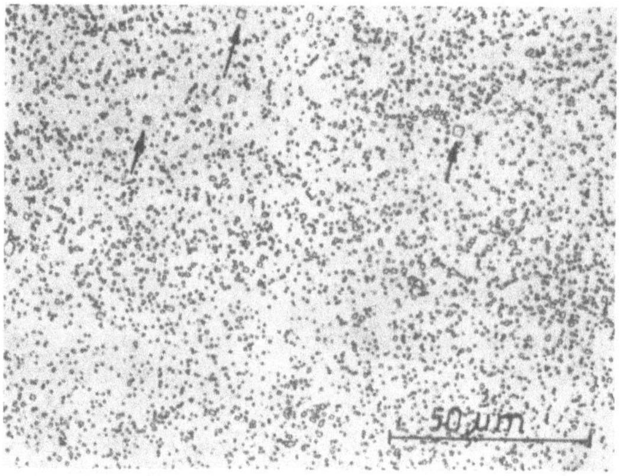

Fig. 1. Etch pits at dislocations on an {100}-plane of a 99,9995% as-grown copper crystal, $N = 2 \times 10^7$ cm^{-2}, etchant according to BASSI

tion distribution on an {100}-plane. To reduce the dislocation densities, the thermal treatment first of all was carried out with cyclic change in temperature according to $T = T_m + (T_{\max} - T_m) \sin \omega t$ between 950 °C and 1050 °C ($T_{\max} = 1050$ °C, $T_m = 1000$ °C, $\omega = 3°$/min). After 200 h ($\triangleq$100 cycles) treatment no effective reduction in the dislocation density compared with the as-grown condition was observed. Hence the annealing (in argon atmosphere) was continued at the maximum possible temperature of 1050 °C $\mp$ 3°.

For the purpose of surface investigation the crystals were chemically polished in a solution of 63 pt. CH_3COOH conc., 27 pt ortho-H_3PO_4 and 10 pt. HNO_3 conc. at 70 °C. To investigate cross sections, the crystals were prepared by acid cutting without any deformation and by electrolytic polishing with the electrolyte D2 after KNUTH-WINTERFELD. Etching was carried out with partial changes in those solutions known from the literature containing ammonia and iron halide complexes (YOUNG; LOVELL, WERNICK; LIVINGSTON; BASSI; HORDON)

3. Results

After annealing for 200 h in the cross section of a crystal with 7.25×10^{-3} at.-% Ni (L_2) a dislocation distribution is to be observed as shown in Figure 2. In Figure 2a a large part of the dislocations has already reached the external zone

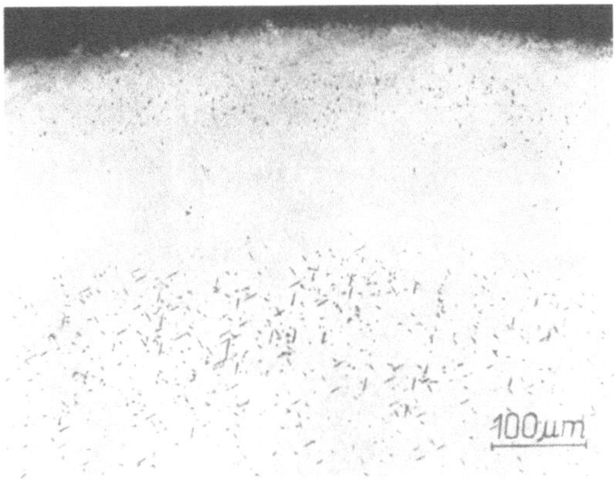

a

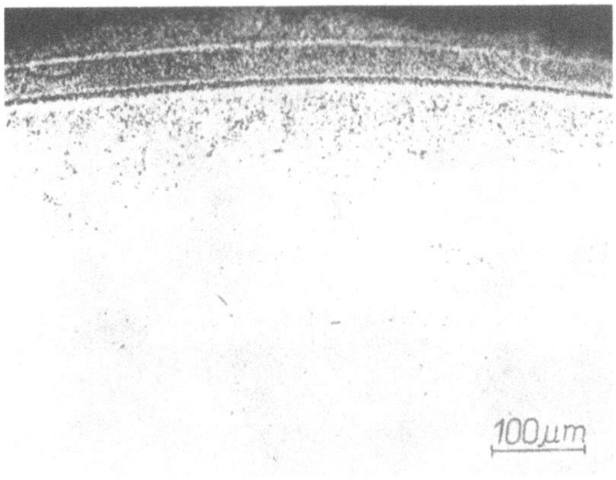

b

Fig. 2. Dislocation configuration in the cross section of a crystal with 7.25×10^{-3} at.-% Ni in Cu, annealed for 200 h at 1050 °C, etchant according to YOUNG modified.
a) Dislocation walls,
b) a section of another part of the cross section with concentric circles of different dislocation densities

near the surface. This region is followed, in direction to the crystal centre, by a zone of low dislocation density and by a region of higher dislocation density with ,,dislocation walls" lying in three directions. The cross section has no preferred orientation, and therefore these directions must be determined on low indexed planes. Etching on {100}- and {111}- planes results in ⟨110⟩-directions parallel to the walls. Figure 2b shows another position within the same cross section likewise with a still comparatively broad zone of high dislocation density, corresponding to the as-grown condition. Concentric circles contain and separate regions of different dislocations densities near the surface of the crystal. A similar phenomenon exhibit crystals with 9.53×10^{-3} at.-% Ni (L_3), (Fig. 3). In this case the external zone is much broader, and the crystal centre which normally has a lower dislocation density also exhibits a much higher value. After a prolonged annealing time the dislocation walls dissolve again.

Fig. 3. Dislocation distribution in the cross section of a crystal with 9.5×10^{-3} at.-% Ni in Cu, annealed for 200 h at 1050 °C, etchant as in Figure 2. Transition from the marginal zone to the centre of the crystal (with „dislocation walls")

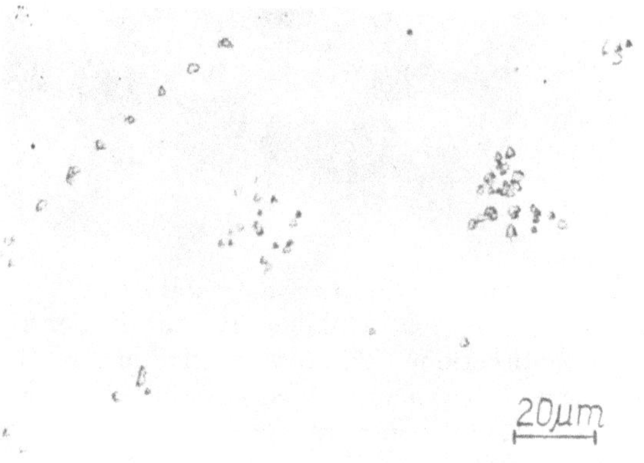

Fig. 4. „Dislocation nests" at the surface of a copper crystal with 3.8×10^{-4} at.-% Ni, annealed for 360 h at 1050 °C. Etchant according to YOUNG

Another way of dislocation rearrangement can be recognized from Figure 4: The dislocations (near $(1\bar{1}\bar{1})$) are arranged in „nests". All crystals were grown for single slip. The Burgers vector of the primary slip system $(11\bar{1})$ [101] is parallel to one of the edges of the etch pits. Thus, we can conclude that in this case predominantly edge dislocations of opposite sign annihilate.

About half of all the crystals grew without subboundaries (temperature gradient $\Theta = 12°$ to $15°/cm$), as shown in the figures above. Crystals grown under conditions of a smaller gradient ($\Theta = 8°/cm$) develope a more or less marked network of subboundaries. A sectioned plane near $(1\bar{1}\bar{1})$ shows subboundaries preferentially oriented parallel to the crystal axis (Fig. 5). The boundaries in

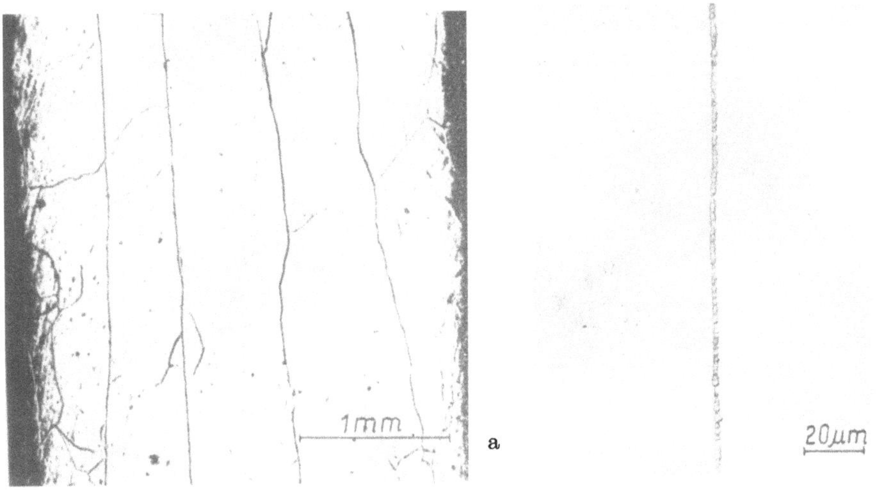

b

Fig. 5. Etched crystal plane near (111) with subboundaries, predominantly oriented parallel to the crystal axis (a). Annealed for 600 h at 1050 °C. (b) Magnified section of (a). Etchant as in Figure 4

this plane exhibit sections through the cell walls of hexagonal cellular columns. The net, perpendicular to the column axis, often can be observed at the free surface on the crystal top, especially, if impurity atoms (e. g. iron) have been concentrated in the cell boundaries (Tiller; Jurisch). From Fig. 5b it is evident that dislocations collect in subbboundaries along ⟨112⟩-directions (Evans, Flanagan). The boundaries may be sinks to dislocations from the interior of the subgrains, then these are free of dislocations after annealing for more than 600 h. The line density of dislocations in the subboundaries is $N_L = 5 \times 10^3 \text{ cm}^{-1}$. Subboundaries of this kind have pure tilt character (Günther, Jurisch).

If subboundaries do not exist, dislocations aggregate in „ropes" (Fig. 6; see also the marginal zone at the upper end of Figure 3). After removal of a 200 µm thick layer by electrolytic polishing the ropes are absent as well in this part of the cross section as in its immediate environment. Similar, but shorter ropes appear nearly perpendicularly to the ones, shown in Figure 6. The ropes have no extension perpendicular to the light and do not represent subboundaries. Therefore, the ropes are possibly arrangements of dislocation loops.

Dislocation enrichment near the surface in a crystal without substructure is demonstrated in Figure 7a. Figure 7b shows a magnified segment. The cross section does not correspond with a low indexed plane. Therefore the etch pits are not simple in their geometric shape.

Annealing 600 h a crystal with a somewhat higher nickel content and with subboundaries, dislocation motion in direction to the surface seems to be more advanced (Fig. 8a). Subboundaries are again attractive regions to dislocations.

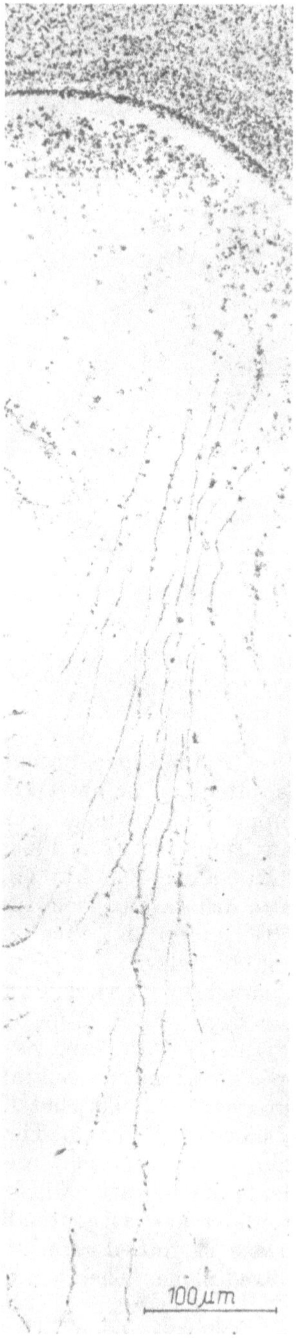

Fig. 6. „Dislocation ropes" leading to the surface. Cross section of a crystal with 7.25×10^{-3} at.-% Ni in Cu, annealed for 200 h at 1050 °C. Etchant as in Figure 4

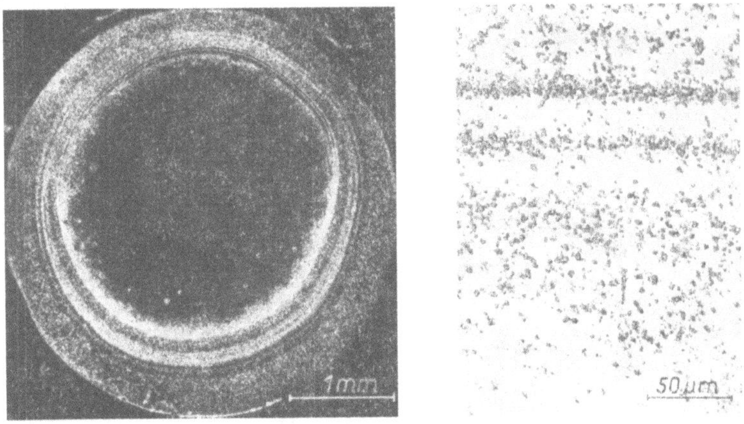

b

Fig. 7. Dislocation arrangement in a crystal with 7.25×10^{-3} at.-% Ni in Cu without subboundaries, (a) annealed for 400 h at 1050 °C; cross section; (b) magnified section of (a) in the transition zone. Etchant as in Figure 4

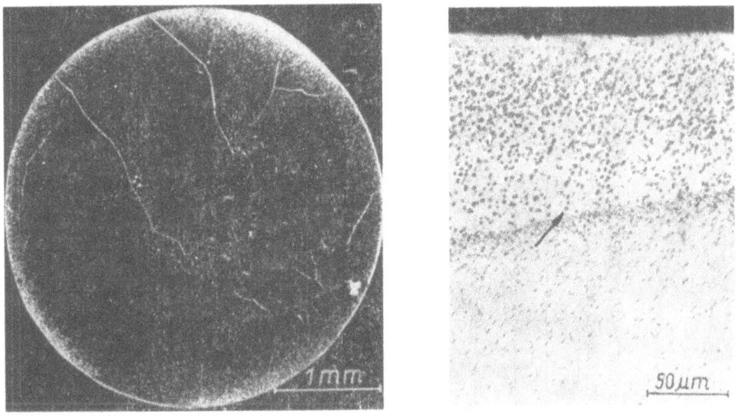

b

Fig. 8. Dislocation arrangement in a crystal (9.5×10^{-3} at.-% Ni in Cu) with subboundaries (a), annelaed for 600 h at 1050 °C, cross section; (b) magnified section of the marginal zone. Etchant as in Figure 4

With increasing annealing time, however, the dislocation density in their vicinity is more and more reduced. In Figure 8b the etch pits arrange in a preferred direction (see arrow) at one side of the crystal.

The present state of results is, that the reduction of the dislocation content depends on the annealing time and on the nickel ocntent (of course it is also a function of temperature, which was constant in these experiments). According to this fact, the ,,last dislocations" from the central part of a crystal with the highest nickel content (0.2 at.-%) finally after 1000 h annealing at 1050 °C reach the surface.

All results of this investigation are plotted in Figure 9. The dislocation density in the marginal zones of the crystals is at different times about 1.5 to 2 or-

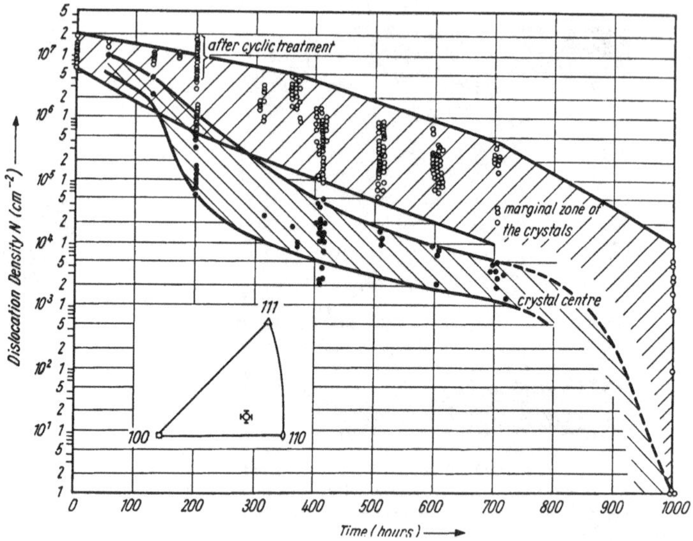

Fig. 9. Dislocation density N versus annealing time at a constant temperature of 1050 °C. Orientation of the crystals (growth direction) is plotted in the stereographic standard triangle

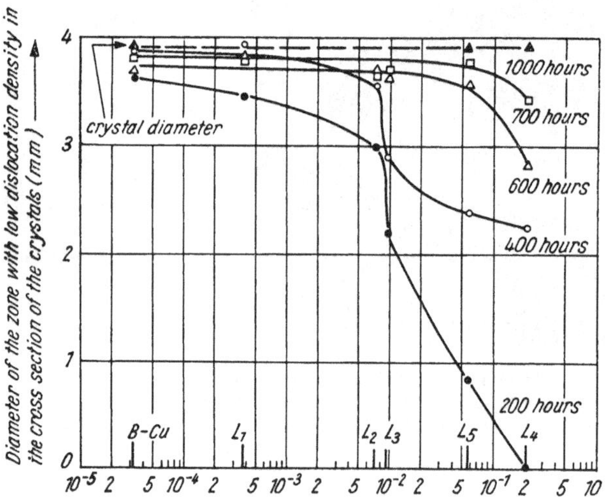

Fig. 10. Propagation of the zone with low dislocation density in the cross section of the crystals versus nickel content and annealing time

ders of magnitude higher than in the interior. Crystals with the highest nickel content have at a fixed time the largest values in N, whereas copper crystals of high purity have the lowest ones. The orientation of the crystals tested is plotted in the stereographic standard triangle.

The transition between the regions in the crystals with different dislocation densities being nearly abrupt, the diameter of the centre with low dislocation density can be estimated exactly by means of a microscope. Such diameters are plotted versus nickel content and annealing time in Figure 10. After 400 h the dislocations from the crystal centre in B-and L_1-copper arrive at the surface. Dislocation motion is more delayed, if the nickel content surmounts 1×10^{-2} at.-%. This concentration limit will not be shifted to a higher nickel content until annealing time exceeds 400 h. Dislocation free crystals of 0.2 at.-% Ni can be obtained after annealing for about 1000 h and by chemical polishing in order to remove the residual dislocations near the surface.

4. Discussion

The figures presented in the previous section show typical phenomena encountered in all observations. On the one hand, the number of dislocations can be reduced by rearrangement and annihilation in the interior of the crystal, on the other, the remaining greater amount moves to the surface. Thus, the change in the dislocation density, plotted in Figure 9, is the summary result of all processes of dislocation extermination:

1. The formation of „dislocation walls" in $\langle 110 \rangle$-directions during annealing up to 200 h is a result of slip over short distances, produced by internal stresses, still existing, and by climb. Dislocations with opposite sign annihilate, the remaining ones with the same sign arrange one upon another with a gain of energy. The walls are relatively stable. They are obstacles for dislocations moving from the interior to the surface. As a result a region of low dislocation density arises due to the absent supply of dislocations. During long annealing the walls dissolve again, supported by the inherent stress concentrations.
2. The „nests" result from the running together of dislocations over short distances and from all directions. In this case it may be assumed that predominantly climb occurs.
3. A combination of slip and climb is involved in the dislocation motion to subboundaries and in the formation of the so-called ropes. Dislocations with opposite sign annihilate. The remaining dislocations with the same sign also move towards the surface along preferred directions within the respective internal stress field.
4. The largest amount of all dislocations touched not by the mentioned rearrangements moves to the surface, supported by image forces. Likewise internal free surfaces as voids, which may exist especially in the upper end of the crystals of lesser purity, also can act as dislocation sinks.

FRIEDEL has proposed a model, to explain the elastic interaction of dislocations with a free surface. Neglecting neighbouring dislocations and assuming the surface stress-free, the image force F of an image dislocation acts on 1 cm line length of a really existing screw dislocation with

$$F = -\frac{G b^2}{4 \pi l} \qquad (1)$$

(G = shear modulus, b = Burgers vector, l = perpendicular distance from the surface). Since F is proportional to 1/l, the dislocations lying near the surface will be attracted with a larger force and arrive faster at the surface than dislocations farther away from it. However, the assumption of a stress-free surface does not hold true. Values of the surface tension $\gamma \approx 1425$ erg/cm^{-2} ($\gamma \approx 0.1$ G b) at 1050 °C are to be expected (HOAGE; NAJDIČ, EREMENKO).

The surface energy $W = \gamma \cdot b = 3.6 \times 10^{-5}$ erg/cm in Cu at 1050 °C, however, is less by the factor 10 than the energy E of a dislocation line

$$E = \frac{G\,b^2}{4\,\pi\,K} \ln \frac{r}{r_0}\,; \tag{2}$$

(r, r_0 = cut up radii, $K = 1 - \nu$ ($\nu = 0.35$) for edge and K = 1 for screw dislocations.). With $G = 4.85 \times 10^{11}$ dyn cm^{-2}, $r \approx N^{-1/2} \approx 2 \times 10^{-4}$ cm, where $N = 2 \times 10^7$ cm^{-2} in the as-grown state (cf. Fig. 1) and $r_0 \equiv b = 2.56 \times 10^{-8}$cm values of $E_{\text{edge}} = 5.5 \times 10^{-4}$ erg/cm and $E_{\text{screw}} = 3.6 \times 10^{-4}$ erg/cm arise. The dislocation energy E is always positive and surmounts the surface energy W. Consequently the dislocations are thermodynamically instable for the given conditions and will leave the crystal (Fig. 2—8).

However, the small energy difference between E and W may influence the dislocation velocity. According to J. FRIEDEL the diffusion aided dislocation velocity v is given by the relation

$$v = D_{SD} \cdot c_j \cdot \frac{F\,b}{k\,T} \tag{3}$$

with

$$D_{SD} = D_0 \cdot \exp.\,(-\,U_{SD}/kT), \tag{4}$$

where D_{SD} = coefficient of self diffusion, c_j = jog concentration, k = Boltzmann's constant, T = temperature, $D_0 = 0.6$ cm$^2 \cdot$ s^{-1} for copper, U_{SD} = activation energy of self diffusion ≈ 47100 cal/mol. With $D_{SD} = 1.05 \times 10^{-8}cm^2 \cdot$ s^{-1} at $T = 1323$ °K and $c_j \approx A_j \cdot \exp.(-\,U_j/kT)$, where A_j is of unity and the energy of thermal jog formation $U_j \approx 0.75$ eV (FRIEDEL) or 0.8 eV (DORN, in FRIEDEL), the dislocation velocities in pure copper differ by more than two orders of magnitude (see Table 2), if a dislocation line either lies in the centre of the crystal ($l = 0.2$ cm) or near the surface ($l = 10^{-3}$ cm).

Assuming on the other hand randomly distributed dislocation lines according to a Frank network, the resulting velocity of climb (of vacancies) for the lines of the network is

$$v \approx \frac{D_{SD}\,G\,b^3\,c_j}{r\,k\,T}\,, \tag{5}$$

where r is the distance between neighbouring dislocation lines. With r ranging from 2×10^{-4} cm up to 0.1 cm (for values N from 2×10^7 up to $1. \times 10^3$ cm^{-2}, which are obtained during long time thermal treatment) and possible values of jog formation energy, dislocation velocities between 2×10^{-5} and 4×10^{-9} cm $\cdot$ s^{-1} were obtained (cf. also Table 2). A decreasing dislocation density may yield to a less mutual influence of dislocations with respect to the less marked superpose of stress fields, and as a result the dislocation velocity decreases considerably.

TILLER has calculated dislocation velocities in lead, where annihilation occurs by climb of vacancies. Values in the range of 10^{-11} up to 10^{-5} cm $\cdot$ s^{-1} are possible.

The observed velocity of a dislocation in pure copper (B-Cu) which moves over a distance of 0.2 cm from exactly the centre of the crystal and needs 400 h,

Table 2
Calculated and observed diffusion induced dislocation velocities in copper

	(l (⁻cm)	− F (dyn · cm⁻¹)	U_j (eV)	$v_{calc.}$ (cm · s⁻¹)	Assuming model of
Cu	0.2 0.01 0.001	1.26 × 10⁻⁴ 2.53 × 10⁻³ 2.53 × 10⁻²	0.75 (J. Friedel)	2.54 × 10⁻¹⁰ 5.08 × 10⁻⁹ 5.08 × 10⁻⁸	image force (1), (3)
	N (cm⁻²)	r (cm)	U_j (eV)	v calc (cm · s⁻¹)	
Cu	2 × 10⁷	0.0002	$U_j = 0.1\ G\ b^3 = 0.508$	2.74 × 10⁻⁵	Frank network, (5)
	2 × 10⁷	0.0002	J. Friedel: 0.75	3.27 × 10⁻⁶	
	2 × 10⁷	0.0002	J. E. Dorn: 0.80	2.08 × 10⁻⁶	
	1 × 10⁵	0.003	0.80	1.38 × 10⁻⁷	
	1 × 10³	0.1	0.80	4.17 × 10⁻⁹	
		observed distance (cm)	Time (h)	$v_{exp.}$ (cm · s⁻¹)	
B — Cu		0.199	400	1.38 × 10⁻⁷	experimentally: this investigation
Cu + 3.80 × 10⁻⁴ at.-% Ni (L_1)		0.198	400	1.38 × 10⁻⁷	
Cu + 7.25 × 10⁻³ at.-% Ni (L_2)		0.185	600	8.58 × 10⁻⁸	
Cu + 9.53 × 10⁻³ at.-% Ni (L_3)		0.1805	600	8.35 × 10⁻⁸	
Cu + 5.85 × 10⁻² at.-% Ni (L_5)		0.189	700	7.50 × 10⁻⁸	
Cu + 0.205 at.-% Ni (L_4)		0.195	1000	5.53 × 10⁻⁸	

is $v_{exp.} = 1.38 \times 10^{-7}$ cm · s^{-1} (Fig. 10). The experimentally determined dislocation velocities of about 10^{-7} cm · s^{-1} ranges between the calculated ones of 10^{-9} and 10^{-5} cm · s^{-1}. The computed values therefore may be interpreted as lower and upper limit of thermal induced dislocation speeds.

The result of the evaluation of the experiments (Table 2) is plotted in Figure 11. The dislocation velocity decreases with increasing nickel content, in particular above approximately 1×10^{-2} at.-% Ni in Cu. Corresponding to Equ. (3) and (5) the velocity of dislocations depends among others on the jog concentra-

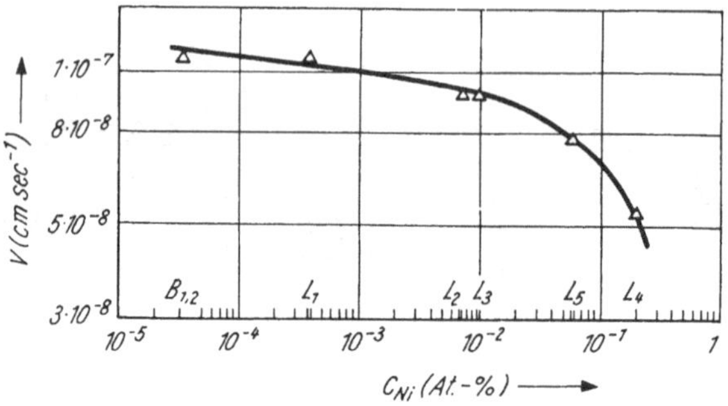

Fit. 11. Experimentally determined dislocation velocities in copper crystals of high purity ($B_{1,2}$) and doped with nickel (L_1 to L_4)

tion c_j. Jog and vacancy concentrations are estimated using Arrhenius expressions, applying to the defect concentration in the thermodynamical equilibrium. Vacancies absorbed in jogs and near them contribute to dislocation motion considerably. According to FRIEDEL a saturation of jogs with vacancies may occur, if the dislocation density is $N < 10^5 \text{cm}^{-2}$, i. e. the distance between dislocation lines is $\bar{r} > 3 \times 10^{-3}$ cm. This case arises during long time thermal treatment (Table 2). The vacancy concentration in pure and in nickel doped copper, calculated by the method proposed by SCHAPINK, by SPRUŠIL, VALVODA, is $c_v \approx 7 \times 10^{-4}$ at 1050 °C for pure copper. This value is not noticeable changed by nickel contents up to 0.2 at.-%. A rough estimation of the binding energy of vacancies with nickel atoms in copper gives a very small, positive value. Hence, we must conclude that binding between nickel atoms and vacancies is negligible. On the other hand, foreign atoms are much stronger bound to jogs than to other positions of the dislocation line. Hence the nickel atoms can become fully effective in retarding the dislocation motion. In this way the decreasing dislocation velocity with increasing nickel content (at a nearly constant vacancy concentration), shown in Figure 11, is explainable.

The stronger impairment of the dislocation motion at concentrations $c > 1 \times 10^{-2}$ at.-% Ni in Cu can be compared with the results obtained by FROIS and DIMITROV (LÜCKE, RIXEN), who found a distinct change in the velocity of grain boundary migration, or in the requisite activation energy at an atomic concentration of $c > 10^{-4}$ copper or magnesium in aluminium, respectively. A content $c > 1 \times 10^{-2}$ at.-% locks the dislocations to foreign atoms, whereas dislocations may unlock, if the content of foreign atoms is below this limit.

The possibility of binding the nickel atoms to dislocations in the case of dislocation motion to the crystal surface leading to concentration inhomogeneities in the cross section of the crystals will be discussed in a forthcoming paper.

5. Conclusions

It is possible to produce copper crystals with dislocation densities of 10^2 up to 10^3 cm^{-2} by long time thermal treatment at a temperature near the melting point. During this process the dislocations move in directions to the surface. Removing the dislocation rich surface layers by chemical polishing makes the crystals dislocation free.

In general prolonged periods of thermal treatment are necessary because of the very low velocity of diffusion induced dislocation moving which cannot exceed 10^{-7} cm · s^{-1} in pure copper.

The author wishes to thank for valuable references and discussions Dr. rer. nat. habil. M. Boček, Prague, Prof. Dr. rer. nat. habil. F. Günther, Freiberg and Dr. rer. nat. habil. D. Schulze, Dresden, the latter for the critical revise of the manuscript, in particular.

References

Argon, A. S., Brydges, W. T.: Philos. Mag. **18**, 817 (1968)
Bassi, G.: Z. Metallkunde **50**, 716 (1959)
Diehl, J.: Z. Metallkunde **47**, 331 and 411 (1956)
Evans, K. R., Flanagan, W. F.: Philos. Mag. **14**, 1131 (1966)
Friedel, J.: Dislocations, Oxford-London-Paris 1964
Frois, C., Dimitrov, O.: in: „Ecrouissage, Restauration, Recristallisation", Presses Universitaires de France 1963
Günther, F., Jurisch, M.: Die Herstellung von Alumium-Bikristallen definierter Orientierung, Leipzig 1969
Hoage, J. H.: Surface tension studies on uranium and copper, U. S. Atomic Energy Commission Rep., H.W.-78132 (1963)
Hordon, M. J.: Acta Met. **10**, 999 (1962)
Jurisch, M.: Dissertation, Freiberg 1969
Kitajima, S., Tonda, H., Kaieda, H.: Trans. JIM **9**,740 (1968, Suppl.)
Knuth-Winterfeld, E.: Korttidsmetoder til metallografisk Elektropolering ved Stuetemperatur, Kobenhavn 1952
Livingston, J. D.: Acta metallurg. **10**, 229 (1962); J. appl. Physics **31** 1071 (1960)
Lovell, L. C., Wernick., H. J.: J. appl. Physics **30**, 590 (1959)
Lücke, K., Rixen, R.: Z. Metallkunde **59**, 321 (1968)
Marukawa, K.: J. Physic. Soc. Jap. **22**, 499 (1967)
Najdič, J. V., Eremenko, V. N.: Z. fiz. chim., **35**, 694 (1961)
Schapink, F. W.: Philos. Mag. **12**, 1055 (1965); Acta Met. **14**, 1130 (1966)
Skapski, A. S.: Acta metallurg. **4**, 576 (1956)
Sprušil, B., Valvoda, V.: Acta metallurg. **15**, 1269 (1967); Scripta Met. **2**, 653 (1968)
Suzuki, T., Ishii, T.: Trans. JIM **9**, 687 (1967, Suppl.)
Tiller, W. A.: J. appl. Physics **29**, 611 (1958)
Tinder, R. F., Washburn, J.: Acta metallurg. **12**, 129 (1964)
Washburn, J., G. Vellaikal, Kitajima, S.: Trans. JIM **9**, 746 (1968, Suppl.)
Young, F. W.: J. appl. Physics **32**, 1815 (1961); **33**, 963 (1962); **32**, 192 (1961); in „Dislocation Dynamics", Battelle-Coolloquium, Seattle 1967, p. 313

(Received May 19, 1970)

Author's address:

Frau Dr.-Ing. H. Hildebrand
Sektion Metallurgie und Werkstofftechnik
der Bergakademie Freiberg
92 Freiberg/Sa.
Gustav-Zeuner-Str. 5

Kristall und Technik	6	1	1971	145–151

Helga Hildebrand

Sektion Metallurgie und Werkstofftechnik der Bergakademie Freiberg/Sachsen

Untersuchungen zur chemischen Homogenität nickeldotierter Kupfereinkristalle nach Wärmebehandlung[1])

Mit Neutronen bestrahlte einkristalline Cu-0,2 At.-% Ni-Proben wurden autoradiographisch und mittels γ-Spektroskopie in bezug auf die Nickelverteilung im Kristallquerschnitt und über der Kristallänge untersucht. Obwohl die Versetzungsbewegung während der langdauernden Wärmebehandlung zur Herabsetzung des Versetzungsinhaltes radial zur Kristallachse in Richtung zur Oberfläche abläuft, wird das Nickel nicht an der Oberfläche angereichert. Jedoch läßt sich in den nach Bridgman gezogenen Kristallen eine Eisenanreicherung in dem zuletzt erstarrenden Kristallende als Folge des gerichteten Kristallwachstums nachweisen. Untersuchungen mit der Elektronenstrahlmikrosonde stützen diese Befunde. Damit ist eine langdauernde Wärmebehandlung bei nickeldotierten Kupferkristallen anwendbar, um Kristalle mit hinreichend niedriger Versetzungsdichte und chemischer Homogenität zu erhalten.

Neutron-irradiated single crystalline specimens of Cu-0,2 at.-% Ni were investigated both autoradiographically and by γ-spectroscopy with reference to the distribution of nickel in the cross section and along the crystal axis. Although the dislocations during a long time thermal treatment for reduction of the dislocation content move radial with respect to the crystal axis in the direction to the surface, nickel is not enriched at the surface. But, enrichment of iron in the finally solidified part of a crystal due to the directed growth by the Bridgman-technique is to be proved. Investigations by the electron micro probe support these results. Thus, a long time thermal treatment is applicable to nickel doped copper single crystals in order to produce chemical homogeneous crystals with an extremly low dislocation density.

1. Einleitung

Die bei einer Wärmebehandlung reinster sowie nickeldotierter Kupfereinkristalle zu beobachtende Bewegung der Versetzungen zur Kristalloberfläche (Hildebrand) wirft die Frage auf, ob sich, infolge einer Bindung der Fremdatome an die Versetzungen, eine inhomogene Verteilung des zugesetzten Nickels einstellt. Die Wechselwirkung kann sich derart äußern, daß (a) die Fremdatome von den Versetzungen über kürzere Strecken mitgenommen werden, dann aber zurückbleiben und wieder statistisch verteilt werden, so daß äußerlich keine Konzentrationsänderung bemerkt wird, oder daß (*b*) die Versetzungen die Fremdatome zur Oberfläche transportieren und ein Konzentrationsgefälle $\partial c/\partial r$ entsteht. In diesem Fall könnte die inhomogene Verteilung von Nickel in Kupfer z. B. Untersuchungen zur Mischkristallverfestigung beeinträchtigen.

---

[1]) Teil II der Dissertation H. Hildebrand.

Für den Nachweis kleiner Fremdstoffgehalte sowie der hier zu erwartenden geringen Konzentrationsänderungen eignen sich die autoradiographische Auswertung neutronenbestrahlter Proben sowie die Untersuchung mit der Elektronenstrahlmikrosonde (Specker; Alimarin, Jakovlev, Dogadkin).

2. Ergebnisse der Neutronenaktivierung an Cu — 0,2 At.-% Ni

Kupferproben mit 0,205 At.-% Nickel (1,5 ppm Fe, Summe weiterer 9 analysierter < 3 ppm, Hildebrand) und den Abmessungen ⌀ 3,7 mm × 0,3 mm, die in Abständen von 10 mm aus zwei nach Bridgman gezogenen Einkristallstäben ($L_4$16 und $L_4$19) entnommen waren, wurden plangeschliffen und elektrolytisch poliert. Die durchschnittlich 33 mg schweren Proben wurden mit einem Neutronenfluß von 10^{13} n/cm² · s 96 h bestrahlt.

Um im voraus abschätzen zu können, in welchem Maße die zu erwartenden Hauptisotope des Kupfers und des Nickels strahlen und die Verunreinigungsgehalte störend wirken, wurden die Aktivitäten dieser Elemente nach der von Baumgärtner angegebenen Methode berechnet. Für die Abschätzung wurden

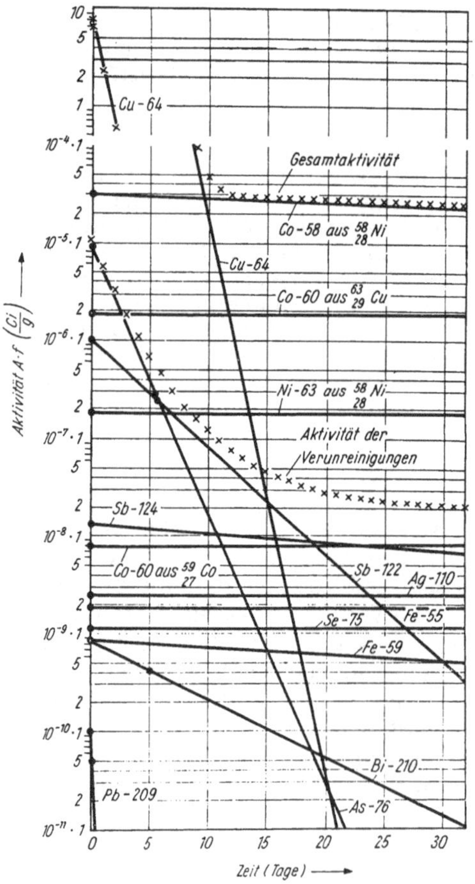

Fig. 1. Berechnete Aktivität $A \cdot f$ für Kupfer mit 0.2 At.-% Nickel und Gesamtverunreinigungsgehalten von 4.3 ppm bis zu 32 Tage nach Abschluß der Bestrahlung

100 h Bestrahlungsdauer zugrunde gelegt. Die errechneten Aktivitäten nach Abschluß der Bestrahlung sowie bis zu 32 Tage danach gibt, unter Berücksichtigung der Gehalte im Faktor f und der jeweiligen Halbwertszeit $T_{1/2}$, Figur 1 wieder.

Die Aktivität von Cu — 64 mit $T_{1/2} = 12{,}8$ h klingt sehr schnell ab und liegt nach 14 Tagen um mehr als zwei Größenordnungen unter der Gesamtaktivität. Co — 60 entsteht aus Cu nur durch Aktivierung mit Spaltneutronen. Auf Grund seiner langen Halbwertszeit von 5,2a wäre dieses Isotop unerwünscht.

Co wurde chemisch-analytisch im Kupfer nicht nachgewiesen. Wegen der γ-Strahlung des Co — 60 wurde der Gehalt in der Größenordnung der übrigen Verunreinigungen angenommen.

Ni bildet vor allem das Isotop Co — 58 mit $T_{1/2} = 71 \pm 1{,}5$ d und vorwiegend γ-Strahlenanteilen und Ni — 63 mit reiner β^--Strahlung. Letzteres hat hier eine um mehr als zwei Größenordnungen geringere Aktivität als Co — 58.

Die Aktivität der Verunreinigungen ist nach 14 Tagen bereits soweit abgeklungen, daß fast nur noch Co-58 zur Gesamtaktivität beiträgt und das Nickel somit nachgewiesen werden könnte. Nach dieser Zeit sollte es daher möglich sein, die Strahlung des Co-58 zur Schwärzung eines hierfür empfindlichen Filmes zum Nachweis des Nickels zu verwenden. Der experimentell ermittelte Abklingverlauf bestätigte den aus Bild 1 zu entnehmenden Zeitpunkt des Einmündens der Gesamtaktivität in den schwach abfallenden Kurvenast nach rund 14 Tagen. Die aus der Neigung des Kurvenastes erhaltene Halbwertszeit $T_{1/2} = 73 \pm 3$ d liegt in guter Übereinstimmung mit dem aus der Literatur bekannten Wert von $T_{1/2} = 71$ bzw. 71,5 d für Co-58 (Baumgärtner; Espe, Kuhn; Landolt-Börnstein).

Die experimentelle spektrometrische Analyse der γ-Strahlen einer Kupferprobe mit 0,2 At.-% Ni und vergleichsweise eines Zn-65-Standardpräparates im Einkanalanalysator liefert für die Zerstrahlungsenergie des Positionen-Beta-Zerfalls 520 keV und für den Compton-Effekt 845 keV der γ-Strahlung des Co-58. Co-60 wurde mit nur geringer Aktivität nachgewiesen. Auf Grund der sehr harten γ-Strahlung stört dieses Isotop den Nickelnachweis bei normalen Belichtungszeiten nicht.

In Figur 2 sind die mit der γ-Strahlung des Co-58 erhaltenen Autoradiographien von einigen Probenquerschnitten sowie deren Lage im Kristall wiedergegeben. Die Teilabbildungen A 1 und B 1 der nicht wärmebehandelten Kristallspitzen zeigen deutlich Schwärzungspunkte eines angereicherten Elementes. Häufig neigt Eisen zur Anreicherung in den Knoten einer Zellstruktur (Jurisch). Gegen die Wachstumsrichtung gesehen ist 10 mm darunter die Anzahl der Schwärzungspunkte schon beträchtlich geringer (A 2 und B 2). Die Querschnitte der wärmebehandelten Kristallteile ($L_4$16:368 h, $L_4$19:595 h) verursachen eine homogene Schwärzung. Hiernach ist die eventuell zu erwartende Nickelanreicherung am Kristallrand nicht eingetreten.

Die gleichmäßige Verteilung des Nickels über die Kristallänge konnte besser durch Zählratenmessungen der γ-Strahlenanteile des Co-58 ermittelt werden (Fig. 3). Die Schwankungen im Intensitätsverhältnis Q_2 nach 1992 h sind durch die kurze Meßdauer von 3 min je Probe bedingt; bei den Messungen nach 3600 h über 10 min je Probe werden die statistischen Schwankungen in den Zerfallsprozessen besser ausgeglichen. Es ergeben sich keine größeren Abweichungen im Nickelgehalt, so daß trotz der Versetzungsbewegung zur Oberfläche und der

Bindung der Nickelatome an die Versetzungen der chemische Ausgangszustand der Kristalle nach der Wärmebehandlung im Rahmen der Nachweisempfindlichkeit hinreichend homogen ist.

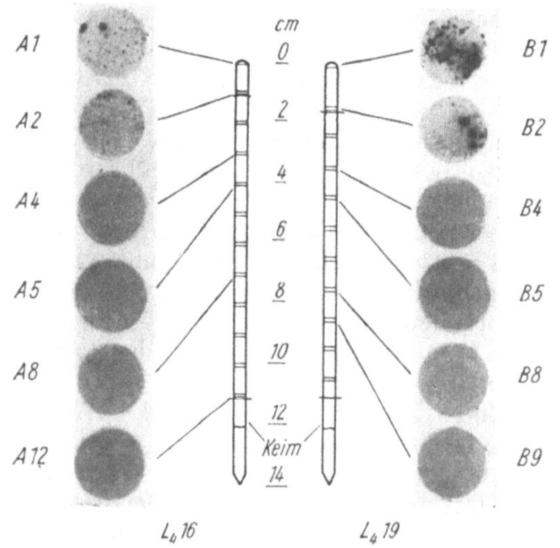

Fig. 2. Autoradiographien von einigen Probenquerschnitten von Kupferkristallen mit 0,2 At.-% Nickel (27 Tage nach Bestrahlungsende). Teilabbildungen A1, A2, B1 und B2: nicht wärmebehandelte Kristallteile; die restlichen Teilabbildungen zeigen wärmebehandelte Querschnitte ($L_4 16$:368 h; $L_4 19$:595 h)

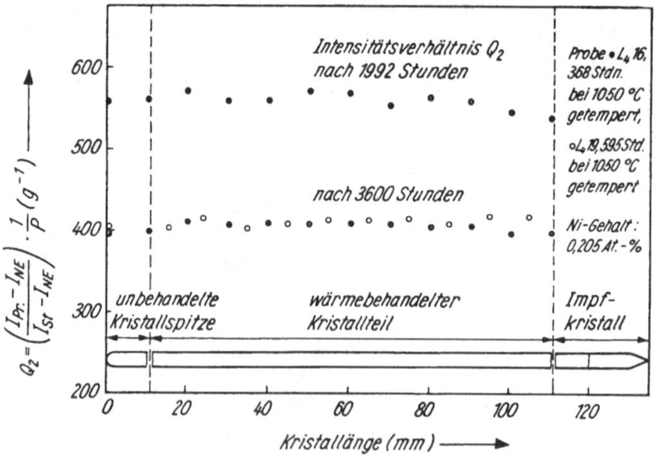

Fig. 3. Verlauf des Intensitätsverhältnisses Q_2 der γ-Strahlung (hauptsächlich Co-58 aus Ni) über der Kristallänge. I = Intensität; Pr = Probe; St = Standardpräparat; NE = Nulleffekt, bedingt durch radioaktive Strahlung von aktiven Substanzresten sowie der Atmosphäre; P = Probengewicht

3. Untersuchungen mit der Elektronenstrahlmikrosonde

Eine Überprüfung in bezug auf die Homogenität der Nickelverteilung sowie der vermuteten Eisenanreicherungen, wie sie aus Figur 2 zu entnehmen sind, gestattet die Mikroanalyse mit der Elektronenstrahlmikrosonde. Die in der Autoradiographie A 1 (Fig. 2) vorhandenen Schwärzungspunkte sind ziemlich regelmäßig angeordnet. In einer polierten Querschnittsfläche werden sie als hellgraue, runde Einschlüsse sichtbar (Fig. 4). Punktanalytische Untersuchun-

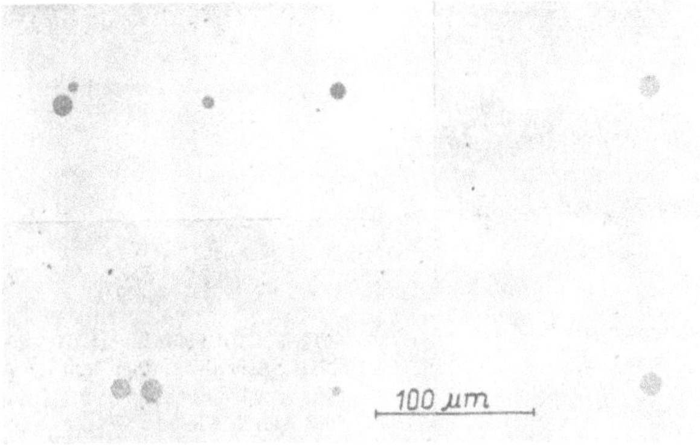

Fig. 4. Polierte Kristallquerschnittsfläche des zuletzt erstarrenden Kristallendes mit eisenhaltigen Einschlüssen. Kristall $L_4 16$, angrenzend an A1 in Figur 2

gen ergaben einen Eisengehalt oberhalb der Nachweisgrenze (0,02%). Dagegen konnte beim Abtasten über den Probendurchmesser das Eisen weder in der umgebenden Matrix noch in den Proben der wärmebehandelten Kristallmittelteile (l = 10 bis 110 mm nach Figur 3) nachgewiesen werden. Chemisch-analytisch wurde Eisen zu 1,5 ppm im Mittelteil des Kristalls $L_4 16$ bestimmt. Die gerichtete Erstarrung des Kristalles bewirkt, daß sich Eisen in dem zuletzt erstarrenden Ende — verglichen mit dem Mittelteil — um mehr als das Hundertfache anreichert. Das bedeutet — verifiziert an diesem speziellen Beispiel —, daß mit der Kristallzüchtung nach Bridgman ein Reinigungseffekt einhergeht, der das vorgereinigte Material zusätzlich raffiniert. Die Anreicherung des Eisens in der flüssigen Phase ist auch zu erwarten, da Kupfer und Eisen auf der Kupferseite ein peritektisches System bilden und der Verteilungskoeffizient $k_0 > 1$ ist (Gerlach, Pawlek, Rogalla).

Der Intensitätsverlauf der NiK_α-Strahlung über dem Radius einer Probe, die in ihrer Lage dicht an die aktivierte Probe B 5 des Kristalls $L_4 19$ angrenzt, weist ebenfalls auf eine gleichmäßige Nickelverteilung hin (Fig. 5). Intensitätsschwankungen bis zu $\pm$ 0,4 Teilstrichen sind zählerstatistischer Natur. (Die Intensität der Ni-Bremsstrahlung liegt vergleichsweise beim Teilstrich 2 des Diagramms. Die Abnahme der Intensität des Cu während der Messung ist auf eine Drift der elektronischen Registriereinrichtung zurückzuführen.) Eine Anreicherung des Nickels an der Oberfläche oder in ihrer Nähe, die mit einem Faktor 2 und größer erwartet werden könnte, — wäre eine hinreichend feste Bindung zwischen Versetzungen und Nickelatomen vorhanden — ist offensichtlich nicht eingetreten. Hierzu sei bemerkt, daß sich die versetzungsreiche Randzone in

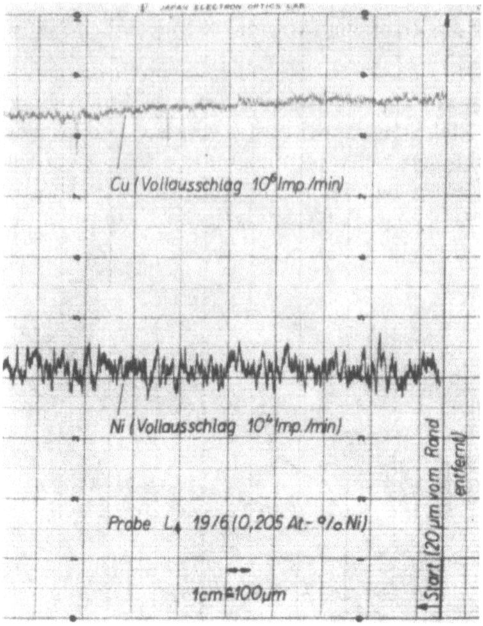

Fig. 5. Intensitätsverlauf der CuK_α- und NiK_α-Strahlung über dem Kristallradius eines 600 h wärmebehandelten Kupferkristalls mit 0,2 At.-% Nickel

den untersuchten Proben nach einer Glühdauer von 600 h mit $N = 8 \cdot 10^6$ cm^{-2} noch über 500 μm erstreckt. Die Versetzungsdichte in der versetzungsärmeren Kristallmitte beträgt $N = 1 \cdot 10^5$ cm^{-2}.

Obwohl eine Wechselwirkung zwischen Nickelatomen und Versetzungen anderweitig nachzuweisen ist, kann die Bindung nicht so stark sein, daß das Nickel zur Oberfläche transportiert wird.

4. Schlußfolgerungen

Eine langdauernde Wärmebehandlung von nickeldotierten Kupfereinkristallen über 1000 h bei 1050 °C gestattet, Kristalle hoher physikalischer Perfektion zu erzeugen. Die autoradiographische Abbildung neutronenbestrahlter Proben, die spektrometrische Untersuchung der γ-Strahlung des Co-58 sowie Elektronenstrahlmikroanalysen zeigten, daß die anderweitig beobachtete Bewegung der Versetzungen zur Oberfläche die Homogenität der Nickelverteilung — soweit nachweisbar — nicht beeinflußt.

Für wertvolle Diskussionen und für die Unterstützung bei der experimentellen Durchführung der Arbeit sei an dieser Stelle den Herren Dr. M. Jurisch und Dr. A. Häßner herzlich gedankt.

Literatur

ALIMARIN, J. P., JAKOVLEV, J. V., DOGADKIN, N. N.: in E. Rexer (Herausg.), Reinststoffprobleme II, Berlin 1967, S. 425/437

BAUMGÄRTNER, F.: Z. Kerntechnik **3**, 356 (1961)

ESPE, W., KUHN, A.: Elementare Grundlagen der Kernphysik, 2. Aufl., Leipzig 1958

GERLACH, J., PAWLEK, F., ROGALLA, D.: Z. Metall **18**, 1158 (1964)
HILDEBRAND, H.: Kristall und Technik, dieses Heft, **131** (1971)
JURISCH, M.: Volumen- und Korngrenzendiffusion von Silber und Zink in Reinstaluminium und in einem Aluminium-Sinterwerkstoff, Dissertation Freiberg 1969
LANDOLT-BÖRNSTEIN, Zahlenwerte und Funktionen. I. Atom- und Molekularphysik, 5. Teil: Atomkerne und Elementarteilchen, 6. Aufl., Berlin 1952, S. 207/208
SPECKER, H.: in E. Rexer (Herausg.), Reinststoffprobleme II, Berlin 1967, S. 1

(Eingegangen am 19. Mai 1970)

Anschrift des Verfassers:

Frau Dr.-Ing. H. HILDEBRAND
Sektion Metallurgie und Werkstofftechnik
der Bergakademie Freiberg
92 Freiberg/Sa.
Gustav-Zeuner-Str. 5

Kristall und Technik	6	1	1971	153–159

J. Doerschel, G. Fischer

Deutsche Akademie der Wissenschaften zu Berlin
Zentralinstitut für Physikalische Chemie

Erfahrungen mit der funkenerosiven Bearbeitung von Antimoneinkristallen

Es wird ein einfaches Gerät für die funkenerosive Bearbeitung von Einkristallen beschrieben, das besonders für Antimon verwendet wurde. Diese Einrichtung gestattet die Herstellung von Proben unterschiedlicher Formen und Abmessungen sowie verschiedener kristallographischer Orientierungen.

Die funkenerosiv getrennten Antimonkristalle wurden in Hinsicht auf Oberflächenbeschaffenheit (Rauhtiefe) und Ausdehnung des plastisch deformierten Bereiches (Deformationszwillinge und Versetzungen) in Abhängigkeit von der maximalen Speicherenergie des Kondensators untersucht. Entstehung und Verteilung der Verformungsstrukturen kann auf Basis der wirksamen Schubspannung (Schmid-Faktor) im Gleit- bzw. Zwillingssystem gedeutet werden.

This paper discribes a simple equipment for the electric spark discharge machining of single crystals, especially employed for antimony. It is possible to produce specimens of various shapes, sizes, and different crystallographic orientations.

The spark-cut crystals of antimony are investigated with regard to the roughness of the surface and the extent of the plastically deformed range (deformation twinnings and dislocations) in dependence upon the maximum storaged energy of the capacitor. Formation and distribution of the deformation structures are explained on the basic of the resolved shear stress (Schmid-factor) in the glide and twinning system respectively.

1. Aufgabenstellung

Zur Untersuchung der mechanischen Eigenschaften von Antimoneinkristallen hoher Reinheit war die Herstellung von Proben unterschiedlicher Formen und Abmessungen sowie bestimmter Orientierungen notwendig, u. a. zylindrische Proben bis 20 mm Durchmesser für Stauchversuche und Einkristallhalbkugeln zum Studium der Orientierungsabhängigkeit des Ätzverhaltens sowie Metallscheiben (Durchmesser 3 mm, Dicke 405 μm) für die Präparation selbsttragender Metallfolien zwecks elektronenmikroskopischer Untersuchungen. Als Ausgangsmaterial dienten Einkristallbarren etwa quadratischen Querschnitts mit einer mittleren Größe von $20 \times 20 \times 250$ mm, bzw. zur Herstellung elektronenmikroskopischer Durchstrahlungspräparate die druckverformten zylindrischen Proben.

Folgende Forderungen waren bei der Auswahl des Trennverfahrens zu berücksichtigen: minimale Beeinflussung des Kristalls durch die Bearbeitung besonders hinsichtlich der Ausdehnung der Verformungszone, geringe Materialverluste (kleine Schnittbreiten), vertretbarer technischer Aufwand, hohe Schneidleistung sowie ausreichende Bearbeitungsgenauigkeit und Oberflächenqualität (z. B. kleine Rauhtiefe). Weiterhin muß gewährleistet sein, daß das Verfahren in bezug auf Probenformen und -dimensionen, Gewährleistung der erforderlichen Orientierung sowie Berücksichtigung der materialspezifischen Eigenschaften wie elektrische Leitfähigkeit, Spaltbarkeit usw., praktisch realisiert werden kann. In Figur 1 sind die wichtigsten Trennverfahren zusammengefaßt (siehe auch PETZOW und EXNER).

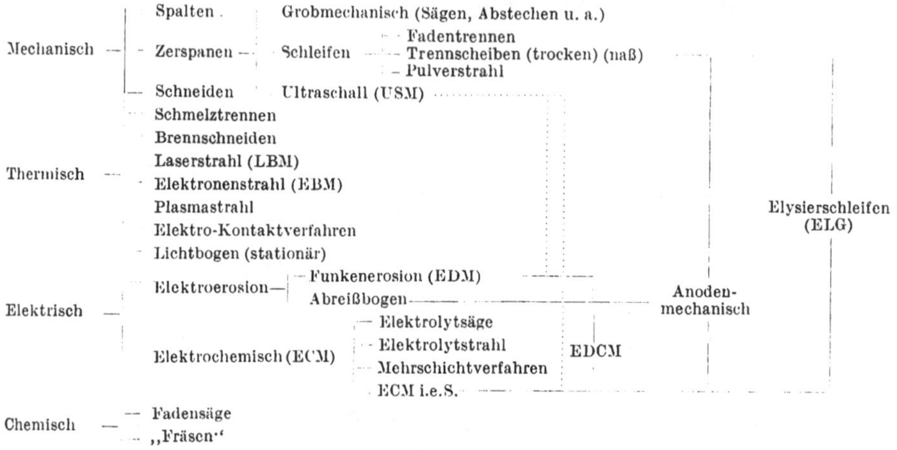

Fig. 1. Trennverfahren für Einkristallmaterial

Nach ZAPFFE spaltet Antimon ausgezeichnet nach $\{0001\}$ und weniger gut nach $\{10\bar{1}1\}$, $\{10\bar{1}4\}$ und $\{11\bar{2}0\}$[1]). Infolgedessen ergeben sich bei der Präparation erhebliche Schwierigkeiten, so daß herkömmliche Bearbeitungsverfahren ungeeignet erscheinen. Da bei der Funkenerosion in Hinsicht auf technischen Aufwand, Universalität und erreichbare Ergebnisse optimale Bedingungen gegeben sind (COLE, BUCKLOW, GRIGSON), wurde eine entsprechende Einrichtung aufgebaut. Im folgenden sollen das Gerät kurz beschrieben und einige Ergebnisse zum elektroerosiven Trennen von Antimoneinkristallen mitgeteilt werden.

2. Funkenerosive Bearbeitungseinrichtung

In Figur 2 wird die Apparatur (ohne Generator und Motorsteuerungsteil) gezeigt. Durch den Vorschubmotor (A) erfolgt über das Schneckengetriebe (B) der Antrieb der Hubspindel (C) mit der Bearbeitungselektrode. Bei der Ausführung einfacher Trennschnitte zeigten Drahtelektroden (D) mit Wolfram- oder Molybdändraht bezüglich des Abbrandes günstige Eigenschaften (Drahtdurchmesser 50 μm bis 300 μm). Der PVC-Behälter (E), der das Probenmaterial einschließlich der Aufnahmevorrichtung (F) sowie das flüssige Dielektrikum aufnimmt, ist wie die Drahtelektrode in der Horizontalebene drehbar.

[1]) Der kristallographischen Indizierung dieser Arbeit liegt die kleine hexagonale Zelle mit $c/a = 2{,}617$ unter Verwendung Miller-Bravais'scher Indizes zugrunde.

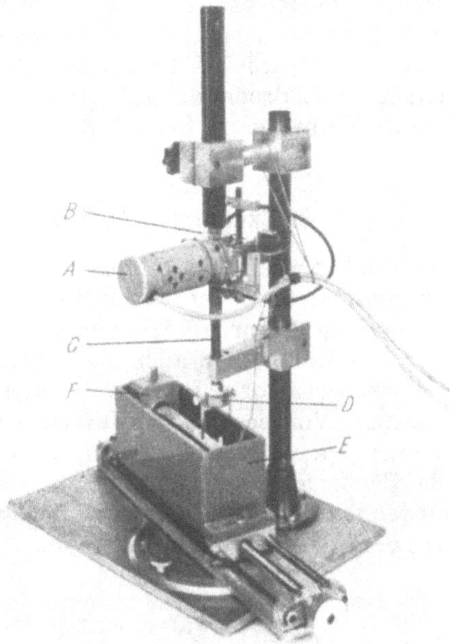

Fig. 2. Funkenerosive Bearbeitungseinrichtung (ohne Generator und Motorsteuerungsteil)

In Figur 3 ist die zur Aufnahme der Einkristallbarren benutzte Vorrichtung abgebildet. Die Hülse (G) mit dem eingegossenen Einkristallbarren (H) ist um die Vertikalachse drehbar. Der Führungsschlitten (I) dient als Aufnahme bei Orientierungsbestimmungen mittels der Laue-Rückstrahlmethode. Für weitere

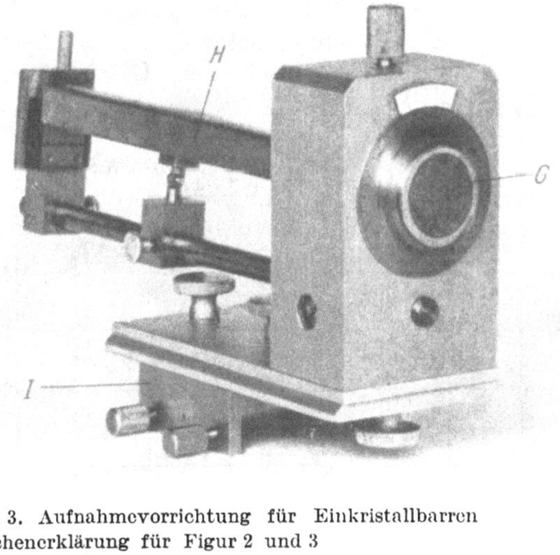

Fig. 3. Aufnahmevorrichtung für Einkristallbarren
Zeichenerklärung für Figur 2 und 3
A – Vorschubmotor; B – Schneckengetriebe; C – Hubspindel; D – Drahtelektrode; E – PVC-Behälter; F – Aufnahmevorrichtung mit Einkristallbarren; G – Hülse; H – Einkristallbarren; I – Führungsschlitten

Präparationsschritte sind entsprechende Ergänzungsvorrichtungen sowie spezielle Bearbeitungselektroden vorgesehen.

Das Gerät arbeitet nach dem Prinzip eines RC-Kippkreisgenerators. Die maximale Ladespannung beträgt 65 V Gleichspannung, die Speicherenergie kann stufenweise im Bereich $2 \cdot 10^{-5}$ bis $3{,}4 \cdot 10^{-2}$ Joule variiert werden.

3. Experimentelle Ergebnisse

Das Funkenerosionsverfahren hat in der metallographischen Präparationstechnik, einschließlich der Transmissionselektronenmikroskopie, eine relativ breite Anwendung erfahren. Speziell die Bearbeitung von Einkristallen spröder und harter Metalle, aber auch die duktilerer Metalleinkristalle wurde erfolgreich demonstriert (COLE, BUCKLOW, GRIGSON; TURNER, ADAMS, VREELAND; VERGE, DATARS). Von besonderem Interesse für die Anwendbarkeit der Funkenerosion in einem speziellen Fall sind die Tiefe der Verformungszone und die erreichbare Oberflächengüte wie Rauhtiefe und arithmetischer Mittenrauhwert. Es ist daher notwendig, deren Werte als Funktion der Bearbeitungsbedingungen, insbesondere der Speicherenergie zu kennen.

3.1 Charakterisierung der Oberflächen funkenerosiv getrennter Antimoneinkristalle

Mit der beschriebenen Funkenerosionsanlage konnten Antimoneinkristalle erfolgreich bearbeitet werden. Außerdem wurden Versuche zum Trennen von Antimon-Wismut-Mischkristallen (2—10 Gew.% Bi) durchgeführt. In Figur 4 sind die Rauhtiefe R_t und der arithmetische Mittenrauhwert R_a von Antimonoberflächen als Funktion der maximalen Speicherenergie in doppeltlogarithmischer Darstellung aufgetragen. Zum Vergleich sind zwei Werte eines Antimon-Wismut-Mischkristalls mit 5,8 Gew.% Bi eingetragen. Die erzielte Oberflächengüte ist als ausreichend zu werten. Elektrolytisches Abtragen einer etwa 250 μm starken Schicht ergibt mikroskopisch ebene Oberflächen.

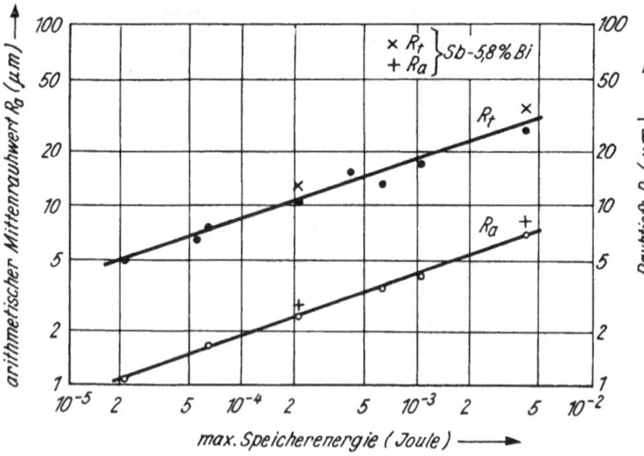

Fig. 4. Rauhtiefe R_t und arithmetischer Mittenrauhwert R_a von funkenerosiv bearbeiteten Antimonoberflächen als Funktion der maximalen Speicherenergie

Die Entstehung von Spaltrissen nach {0001} wird durch die Reinheit und Orientierung beeinflußt. Beim Trennen von Antimoneinkristallen hoher Reinheit (Ausgangsmaterial 99,999%) konnte die Rißbildung wesentlich eingeschränkt werden, vorausgesetzt die Speicherenergie wurde nicht zu groß gewählt. Bei Schnitten parallel der Basis traten geringfügige Abschuppungen auf.

3.2 Plastische Deformation

Um den Umfang der plastischen Deformation in Abhängigkeit von der maximalen Speicherenergie zu untersuchen, wurden zylindrische Proben hergestellt, deren Stabachsen der [0001] Richtung entsprachen Durch Spalten wurden korrespondierende (0001)-Spaltflächen freigelegt und mit einem bei Cordes und Kruse beschriebenem Ätzmittel 2 min geätzt.

Typisch ist das Auftreten schmaler Zwillingslamellen, die abhängig von der Speicherenergie und der Orientierung, relativ weit ins Kristallinnere reichen können (Fig. 5). Nach Hall ist $\{10\bar{1}4\}$ Zwillingsebene und $\langle 20\bar{2}\bar{1}\rangle$ Scherrichtung.

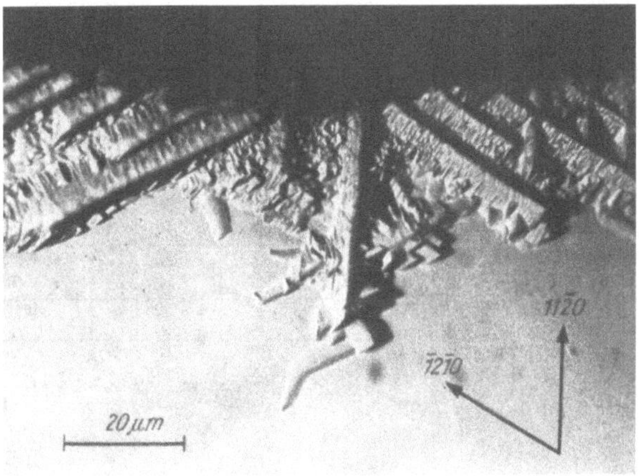

Fig. 5. Geätzte (0001) Spaltfläche (Trennfläche senkrecht zur Bildebene). Maximale Speicherenergie 6,3 · 10^{-4} Joule

Weiterhin kann man in unmittelbarer Nähe der Oberfläche eine aus Versetzungsätzgrübchen bestehende Zone beobachten. Im allgemeinen ist die Grenze zwischen gestörtem und ungestörtem Kristallbereich deutlich ausgeprägt. Innerhalb der Störzone ist die Ätzgrubendichte so hoch, daß einzelne Durchstoßpunkte von Versetzungslinien nur im Übergangsgebiet gut aufzulösen sind (Fig. 6).

Die mittleren und maximalen Werte der Deformationstiefe für Translations- und Zwillingsgleitung als Funktion der maximalen Speicherenergie sind in Figur 7 in doppeltlogarithmischer Darstellung aufgetragen. Figur 8 zeigt die elektronenmikroskopische Durchstrahlungsaufnahme einer selbsttragenden Antimoneinkristallfolie, die nach dem Doppelmaskenverfahren präpariert wurde. Das funkenerosive Heraustrennen des Objektes aus dem kompakten Material verursachte keine Deformationserscheinungen im interessierenden Bereich.

Fig. 6. wie Figur 5
Maximale Speicherenergie 1,7 10^{-2} Joule

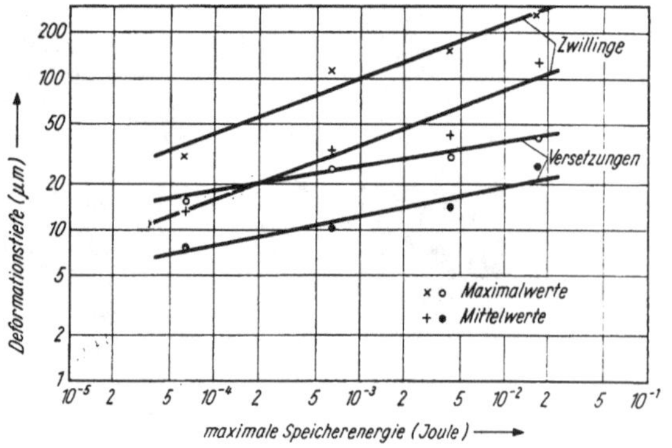

Fig. 7. Mittlere und maximale Deformationstiefe (Deformationszwillinge und Versetzungen) als Funktion der maximalen Speicherenergie (Trennfläche senkrecht zur Basisebene)

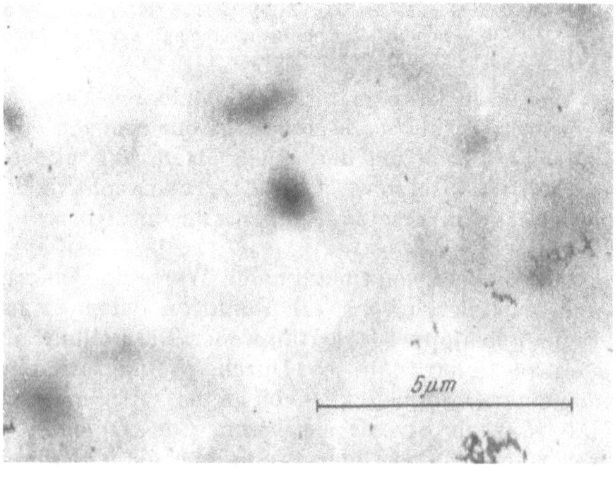

Fig. 8. Elektronenmikroskopische Durchstrahlungsaufnahme einer selbsttragenden Antimonfolie, präpariert aus einem unverformten Kristall (Erläuterungen im Text)

3.3 Mechanismus der Entstehung von Versetzungen und Zwillingen

Bei Entladungen in einem flüssigen Dielektrikum spielen Druckimpulsbelastungen, hervorgerufen durch das Zusammenfallen von Kavitationsblasen, eine entscheidende Rolle. In erster Näherung kann man annehmen, daß die Kräfte senkrecht zur bearbeiteten Oberfläche wirken (TURNER, ADAMS, VREELAND). Nach LAVRENTEV beobachtet man in Antimon Gleitsysteme der Typen {0001} ⟨11$\bar{2}$0⟩ und {10$\bar{1}$1} ⟨0$\bar{1}$11⟩. Für das Basisgleitsystem ist bei einachsiger Belastung senkrecht zur Richtung [0001] der Schmid-Faktor gleich Null. Von den Gleitsystemen mit den Elementen {10$\bar{1}$1} ⟨0$\bar{1}$11⟩ besitzen dagegen die Systeme (0$\bar{1}$11) [10$\bar{1}$1] und (10$\bar{1}$1) [0$\bar{1}$11] bei gleicher Belastungsart relativ hohe Schmid-Faktoren, so daß bei Überschreiten der kritischen Schubspannung Versetzungen erzeugt werden.

Eine analoge Analyse kann man für die drei Zwillingssysteme des Typs {10$\bar{1}$4} ⟨20$\bar{2}\bar{1}$⟩ durchführen. Man findet, daß der Schmid-Faktor jeweils für ein Zwillingssystem in einem Winkelbereich von 60° den größeren Wert annimmt. Bei Erreichen einer ⟨11$\bar{2}$0⟩-Richtung wechselt dann das Zwillingssystem. Das auf Grund dieser Vorstellungen zu erwartende Bild der Verteilung der Zwillinge auf einer (0001)-Beobachtungsfläche stimmt mit dem experimentellen Befund befriedigend überein. Die Zwillingsbildung ist ein polarer Mechanismus. Bei Belastung senkrecht zur [0001]-Richtung können in Antimon Zwillinge nur bei Zugbeanspruchung erzeugt werden. Das bedeutet, daß die beobachteten Deformationszwillinge nicht auf die Druckwirkung des Spannungsimpulses zurückzuführen sind. Vielmehr werden sie an der Rückseite des Druckstoßes in der Entlastungswelle („rarefaction wave“) entstehen.

Literatur

COLE, M., BUCKLOW, I. A., GRIGSON, C. W. B.: Brit. J. appl. Physics **12**, 296 (1961)
CORDES, H., KRUSE, R.: Z. Metallkunde **17**, 563 (1966)
HALL, E. O.: Twinning and diffusionsless Transformations in Metals, London, 1954
LAVRENTEV, F. F.: Fizika Metallov Metalloved. **18**, 428 (1964)
PETZOW, G., EXNER, E.: Handbuch der Mikroskopie in der Technik, Band III, Teil 1, S. 37, Frankfurt/Main, 1968
TURNER, A. P. L., ADAMS, K. H., VREELAND, T. jr.: Mat. Sci. Eng. **1**, 70 (1966)
VERGE, C., DATARS, W. R.: J. Sci. Instruments **1**, 1239 (1968)
ZAPFFE, C. A.: Z. Metallkunde **44**, 397 (1953)

(Eingegangen am 20. März 1970)

Anschrift der Verfasser:

Dipl. Min. J. DOERSCHEL
Ing. G. FISCHER
Zentralinstitut für Physikalische Chemie der Deutschen Akademie der Wissenschaften zu Berlin
1199 Berlin-Adlershof
Rudower Chaussee 5

Kristall und Technik	6	1	1971	161–164

R. Müller

Deutsche Akademie der Wissenschaften zu Berlin
Zentralinstitut für Optik und Spektroskopie, Berlin-Adlershof

Herstellung von Rubin-Saphir-Übergängen

Es werden die Herstellung von Rubin-Saphir-Übergängen beschrieben und Angaben über die optische Qualität der Übergänge gemacht.

A method for the preparation of ruby-saphire crystals is described. Some information on the optical behaviour of the transition are given.

1. Einleitung

Beim Einsatz von Rubinstäben in Laseranordnungen hängt die Energieausbeute nicht allein von der optischen Qualität des Rubinstabes, der Bearbeitungsgüte der Stirn- und Mantelflächen, der jeweiligen Anordnung des Laserstabes zur Pumpquelle, den verwendeten Reflektoren usw. ab, sondern auch von den Absorptionsverlusten, die durch die Halterung des Rubins bedingt sind. Die in der Halterung eingespannten Stabenden können vom Pumplicht nicht angeregt werden; die Laserstrahlung erfährt beim Durchgang durch diese von der Halterung bedeckten Stabenden eine Schwächung durch Absorption. Bedingt durch die Anordnung (Brewster-Fenster, Dichtung bei evtl. Kühlung) kann die Gesamtlänge der passiven Enden bis zu 10 cm betragen. Diese schädliche Absorption kann man vermeiden, wenn man Laser-Stäbe verwendet, deren aktiver Bereich aus Rubin, deren passiver aus Saphir besteht.

2. Züchtung von Rubin-Saphir-Einkristallen

Da es grundsätzlich gelingt; auf einem bereits abgekühlten Rubinstab bei Einhaltung entsprechender Vorsichtsmaßnahmen weiteres Material anwachsen zu lassen, wäre es möglich, solche Übergänge durch zeitlich getrennte Züchtungen mit unterschiedlichem Ausgangsmaterial herzustellen, wobei allerdings der Züchtungsprozeß unterbrochen werden würde. Günstiger ist eine Züchtung der Übergänge in einem Arbeitsgang. Hierzu ist es notwendig, eine Pulverzuführung zu benutzen, die es gestattet, während des Versuchs das Ausgangsmaterial auszutauschen. Im wesentlichen besteht eine solche Pulverzuführung aus drei Bauteilen (s. Figur 1):

1. einer kleinen Pulverdosiereinrichtung, die nur eine geringe Pulvermenge fassen kann und für die konstante Pulverzuführung verantwortlich ist,
2. einem Schließaggregat, mit dem es möglich ist, die Pulverdosiereinrichtung vom Außenraum luftdicht abzuschließen und

3. einem Nachfüllaggregat, das die Hauptmenge des Ausgangsmaterials enthält und die Pulverdosiereinrichtung bei Bedarf automatisch mit Pulver beliefert.

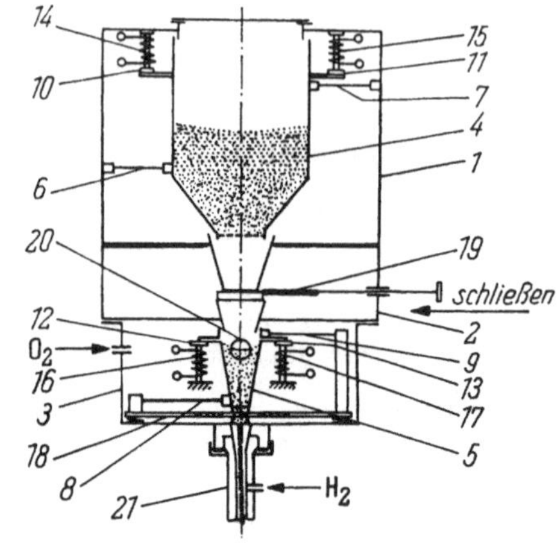

Fig. 1. Pulverzuführeinrichtung
1 Nachfülleinrichtung, 2 Schließaggregat, 3 Pulverdosiereinrichtung, 4 Vorratsbehälter, 5 Pulverbehälter der Dosiereinrichtung, 6, 7, 8, 9 Blattfedern, 10, 11, 12, 13 Permanentmagnete, 14, 15, 16, 17 Elektromagnete, 18 Auflagetisch, 19 Schließhebelgetriebe, 20 Fenster, 21 Wasserstoff-Leitung des Brenners

Soll das Ausgangsmaterial gegen ein anderes ausgetauscht werden, wird das Nachfüllaggregat ausgeschaltet und die Pulverdosiereinrichtung mittels des Schließaggregats luftdicht abgeschlossen. Darauf wird das Pulvernachfüllaggregat mit der neuen Charge beschickt. Ist die Pulverdosiereinrichtung leer, daran zu erkennen, daß sich bei konstanter Senkgeschwindigkeit die Stirnkuppe des wachsenden Kristalls von der vorgegebenen Züchtungsebene entfernt, wird das Schließaggregat geöffnet und das Nachfüllaggregat in Betrieb gesetzt und damit die neue Charge der Pulverdosiereinrichtung zugeführt. Läßt man die Gasmengen beim Übergang von einer Substanz zur anderen konstant, so entsteht aufgrund der unterschiedlichen Schmelzpunkte sowie der spezifischen Wärmen eine Querschnittsänderung an der Übergangsstelle des gezüchteten Kristalls. Durch entsprechende Regelung der Heizgase oder der Wachstumsgeschwindigkeit des Kristalls während des Überganges von einer Ausgangssubstanz zur anderen läßt sich diese Querschnittsänderung eliminieren. Die Figur 2 zeigt zwei bearbeitete 180 mm lange Kristalle mit 40 mm langen Saphirenden.

3. Untersuchung der Güte der Rubin-Saphir-Übergänge

Naturgemäß hängt die Güte des Rubin-Saphir-Überganges von den Wachstumsbedingungen ab. An einem Rubin-Saphir-Übergang wurde mit Hilfe der Röntgenmikrosonde die Chromverteilung bestimmt. Während der Chromgehalt im Rubinabschnitt innerhalb der statistischen Schwankungen bei 0,3 Gewichtsprozent liegt, sinkt die Intensität der CrK_α-Strahlung an der Übergangsstelle zum Saphir plötzlich auf die des Untergrundes ab (Fig. 3). Bei sorgfältiger Züchtung erhält man ferner einen Rubin-Saphir-Übergang, der bei Durchleuchtung mit der Strahlung eines Helium-Lasers kaum einen Tyndall-Effekt zeigt. Die Figuren 4 und 5 zeigen die unterschiedliche Tyndallstreuung an zwei Rubin-Saphir-Übergängen. Um zu prüfen, inwieweit sich die Grenzfläche störend auf den Lichtdurchgang auswirkt, wurden bei Rubin-Saphir-Kristallen

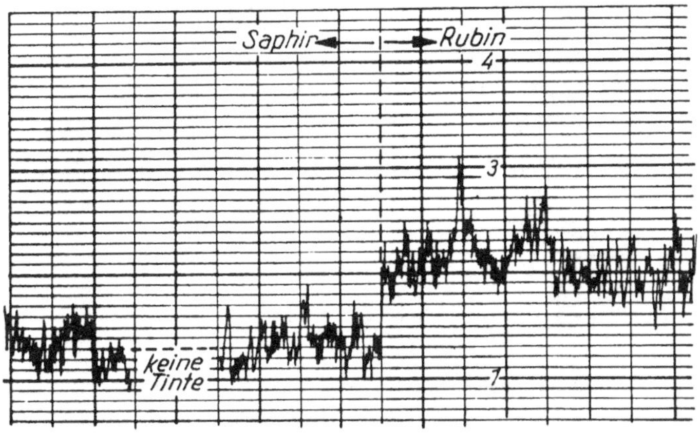

Fig. 3. Registrierdiagramm der Intensität der CrK_{α}-Strahlung
Meßbereich: $3 \cdot 10^3$ Imp min^{-1}
Registriergeschwindigkeit: 100 μ min^{-1}
Durchmesser des abtastenden Elektronenstrahls 2 μ

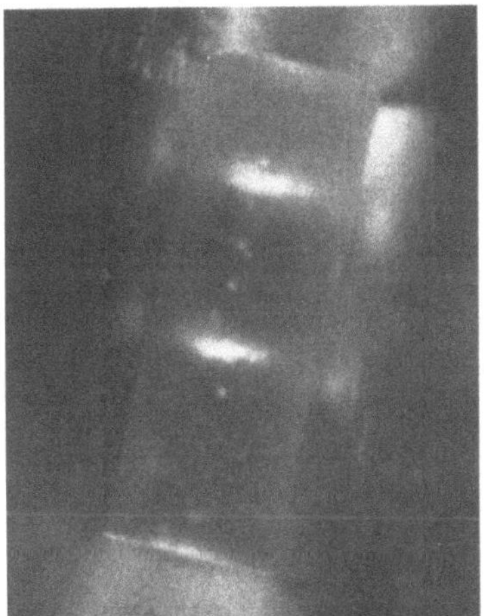

Fig. 4. Aufnahme der Tyndallstreuung eines Rubin-Saphir-Überganges

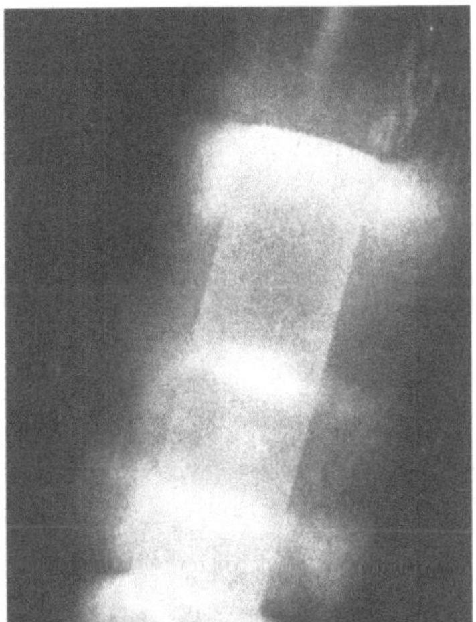

Fig. 5. (siehe Figur 4)

mittels eines Mach-Zehnder-Interferometers die Interferenzringe beobachtet und photographiert. Die Figur 6 zeigt eine derartige Aufnahme. Mit einem Interferenzring/cm entsprechen diese Rubin-Saphir-Kristallstäbe in ihrer Qualität durchaus den Rubinstäben ohne Rubin-Saphir-Übergänge.

Der Verfasser dankt Frau Dipl. Phys. H. Müller, Sektion Physik, Bereich Experimentalphysik II, der TU Dresden für die Untersuchungen der Übergänge

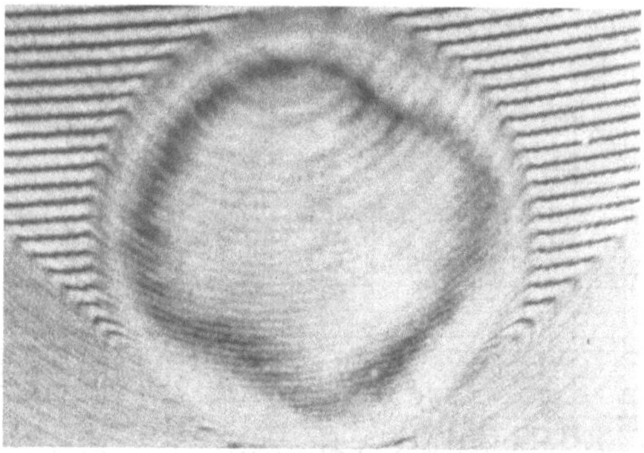

Fig. 6. Aufnahme der Interferenzringe eines Rubin-Saphir-Kristalls

mit der Mikrosonde, Herrn F. Linde, ZOS der DAW, für die optischen Untersuchungen und Herrn Dr. K. Th. Wilke, Leiter der Abteilung Kristallchemie der ZOS für wertvolle Diskussionen.

(Eingegangen am 4. März 1970)

Anschrift des Verfassers:

Dr. R. MÜLLER
Zentralinstitut für Optik und Spektroskopie der DAW (ZOS)
1199 Berlin, Rudower Chaussee 6

Fig. 2. Rubinstäbe mit 10 mm langen Saphirenden (Gesamtlänge 180 mm)

Kristall und Technik	6	1	1971	K 1 - K 3

Kurze Originalmitteilungen

JIŘÍ KVAPIL

Monokrystaly Turnov

Dislocations in Air - Annealed and Hydrogen - Annealed Corundum[1)]

1. Introduction

There exist two slip systems in corundum: one basal with the direction of slip < 11$\bar{2}$0> in the basal plane (0001) and the other prismatic with the direction of the slip < 10$\bar{1}$0> in the plane of prism {11$\bar{2}$0}. WACHTMANN and MAXWELL discovered that the basal slip can occur sufficiently rapidly at temperatures exceeding 900 °C. The prismatic slip, first describend by KLASSEN-NEKLYUDOVA works only at temperatures exceeding 1600 °C (WACHTMANN, MAXWELL).

Dislocations in corundum can be revealed by etching. There exist detailed descriptions of etching methods by heat (PALMOUR, DU PLESSIS, KRIEGEL), with phosphoric acid (SCHEUPLEIN, GIBBS), with $KHSO_4$ (ALFORD, STEPHENS; JANOWSKI, CONRAD) and with K_3AlF_6 or KOH (ZAMINER).

At high temperatures hydrogen also reacts slowly with aluminium oxide (BREWER, SEARCY; PORTER, SCHISSEL, INGHRAM). The reaction of H_2 with Al_2O_3 can also be made use of in surface etching of corundum single crystals, where under certain working conditions there occur either pits (MANASEVIT, SIMPSON) or steps (READEY, KUCZYNSKI) which can be used for the determination of crystallographic orientation (KVAPIL).

The density of prismatic dislocations in Verneuil grown corundum crystals reaches 10^5 cm^{-2}, whereas density of basal dislocations reaches 10^6 cm^{-2} (STEPHENS, ALFORD). Annealing over a short period at 2000 °C causes the density of prismatic dislocations to decrease by 10 % and basal dislocations by 50 %. It can be deduced from photomicrographs published by ZAMINER that the density of dislocations is more substantially reduced after annealing over a long period at lower temperatures (1800 °C).

The present paper is concerned with the influence of annealing in hydrogen and in air on the density of dislocations of corundum.

3. Experimental part

Three pairs of adjacent plates were cut from Verneuil grown corundum boules. The thickness of the cut was 0.5 mm. The surface of the plates of each pair corresponded to the (0001), (11$\bar{2}$0), and (11$\bar{2}$3) planes respectively. One plate of each pair was annealed in air in a rhodium wound furnace, the other in hydrogen in a molybdenum wound furnace. The annealing programme was always constant: 5 hours of uniform heating, 5 hours exposure to the temperature of 1800 °C, 5 hours of uniform cooling. After mechanical polishing the

1) Presented at the 3rd International Symposium "Reinststoffe in Wissenschaft und Technik" in Dresden, 4-8 May 1970, DDR.

plates were chemically polished in phosphoric acid and then etched in $KHSO_4$. The etch pits were photographed in the usual manner with a metallographic microscope. The rocking curves were measured by a three crystal spectrometer with $CaCO_3$ crystals of $(10\bar{1}4)$ orientation used as monochromators (BAČKOVSKÝ; BAČKOVSKÝ, BUBÁKOVÁ; DESLATES, FORGESEN, PARETZKIN, HORTON; DESLATES, PARETZKIN; RENNINGER, a, b). The crystals were in antiparallel position. The $CuK_{\alpha 1}$ radiation was used.

3. Results

The density of dislocations in both plates of (0001) orientation varied depending on the area of the crystals being under observation but did not exceed the value of 10^5 cm^{-2}. Anyhow, the hydrogen annealed plates proved to have a lower density of dislocations (25 % on an average) than those annealed in air, where also remainders of the prismatic slip lines occurred more often.

Tests made with plates of $(11\bar{2}0)$ orientation which are suitable for etching of basal dislocations, did not come up to expectation either, because the etch pits in the adjacent plates are not located symmetrically. Also etch figures on the plates of $(11\bar{2}3)$ orientation were not comparable.

The difference between air annealed and hydrogen annealed samples of $(11\bar{2}0)$ and $(11\bar{2}3)$ orientation respectively were investigated by measuring the rocking curves. The hydrogen annealed plates always showed narrower half width of the reflection from individual mosaic blocs and rather lower integrated reflection power than those annealed in air in consequence of the lower density of dislocations (Fig. 1) (JAMES; WEBB; ZACHARIASEN).

1 - $(11\bar{2}3)$ - annealed in air
2 - $(11\bar{2}3)$ - annealed in hydrogen

3 - $(11\bar{2}0)$ - annealed in air
4 - $(11\bar{2}0)$ - annealed in hydrogen

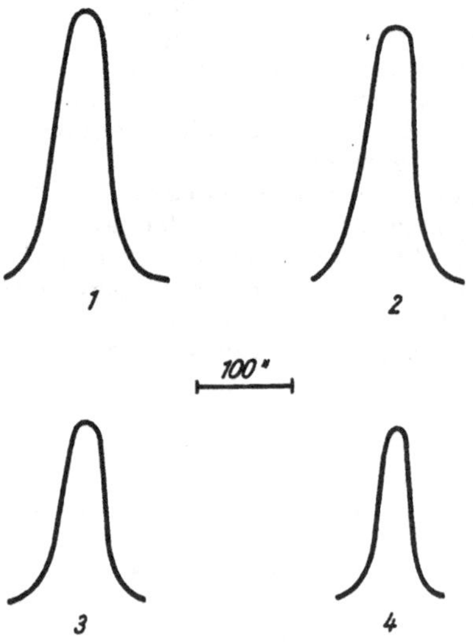

Fig. 1. Examples of the rocking curves of the individual macromosaic blocs measured on the plates with $(11\bar{2}0)$ and $(11\bar{2}3)$ orientation respectively

4. Discussion

The anomal lowering of the dislocation density in the hydrogen annealed plates can be observed only in the superficial mosaic grains, whereas in the internal grains the influence of the hydrogen is negligible. The causes of this phenomenon cannot be explicitly explained but are likely to be connected with the mutual reactivity of hydrogen and aluminium oxide which results in surface etching of the crystals in the plastic state. The higher dislocation mobility in the case of hydrogen annealing is probably connected with the increase of surface energy due to the presence of etch pits.

REFERENCES

ALFORD, W.J., STEPHENS, D.L.: J.Amer.Ceram.Soc. 46, 193 (1956)

BACKOVSKY, J.: Czech.J.Phys. A6, 437 (1956)

BACKOVSKY, J., BUBAKOVA, R.: Czech.J.Phys. A6, 647 (1956)

BREWER, L., SEARCY, A.W.: J.Amer.Chem.Soc. 73, 5308 (1951)

DESLATES, R.D., FORGESEN, J.L., PARETZKIN, B., HORTON, A.T.: J.appl.Physics 37, 541 (1966)

DESLATES, R.D., PARETZKIN, B.: J.appl.Crystallography 1, 176 (1968)

JAMES, R.W.: The Optical Principles of the Diffraction in Crystals, London 1966, p. 14-268

JANOWSKI, K., CONRAD, H.: Trans. AIME 230, 717 (1964)

KLASSEN-NEKLYUDOVA, M.V.: Zhur.tech.fiziki 12, 519 (1942)

KVAPIL, J.: Ceram.Bull. 46, 728 (1967)

MANASEVIT, H.M., SIMPSON, W.J.: J.appl.Physics 23, 339 (1955)

PALMOUR, H., DU PLESSIS, J.J., KRIEGEL, W.W.: J.Amer.Ceram.Soc. 44, 400 (1961)

PORTER, R.F., SCHISSEL, P., INGHRAM, M.G.: J.Chem.Physics 23, 339 (1955)

READEY, D.W., KUCZYNSKI, G.C.: J.Amer.Ceram.Soc. 49, 26 (1966)

RENNINGER, M.: Acta Cryst. 8, 597 (1955) (a)

RENNINGER, M.: Phys.Slater, 1, 104 (1962) (b)

SCHEUPLEIN, R., GIBBS, P.: J.Amer.Ceram.Soc. 43, 458 (1960)

STEPHENS, D.L., ALFORD, W.J.: J.Amer.Ceram.Soc. 47, 81 (1964)

WACHTMAN, J.B., MAXWELL, L.H.: J.Amer.Ceram.Soc. 37, 291 (1954)

WEBB, W.W.: Direct Observation of Imperfections in Crystals, New York - London 1962, p. 29

ZACHARIASEN, W.H.: Theory of X-Ray Diffraction in Crystals, New York 1946, p. 35-108

ZAMINER, Ch.: Ber.Deutsch.Keram.Ges. 42, 73 (1965)

(Received June 5, 1970)

Author's address:

Dr. Ing. Jiří KVAPIL
Monokrystaly
Turnov, ČSSR
Leninova 175

Kristall und Technik	6	1	1971	K 5 - K 9

Josef NOVÁK

Institute of Physics of the Czechosl. Academy of Sciences, Prague

Heterovalent Substitution and Oxygen Nonstoichiometry of Barium Titanate and Hematite Single Crystals

1. Introduction

The physical behaviour of single crystals is determinated both by crystalochemical properties and by total chemical composition. In the case of oxide compounds mostly the influence of impurities or doping is searched, but conditions concerning the oxygen sublattice may be the source of interesting optical and electrical properties of studied material. As defining quantity may be considered the proportion of oxygen and cations usually determined by chemical analytical methods indirectly (NOVÁK, AREND; NOVÁK). Deviation from stoichiometry is expressed as a coeficient γ or x. In a common formula A_mO_{n-x} x represents a deficit or an amount of oxygen expressed in gramatoms. In this case oxygen nonstoichiometry is commonly caused by presence of some free electrons or holes in the lattice, very seldom it is due to the oxygen ions deficit in the case of a positive value of x. Deviation from oxygen stoichiometry ascribed formally to the oxygen sublattice can be equally expressed in the cation part by the following formula:

$$A_mO_{n+x} = A_{m-\frac{n}{m}x}O_n$$

These compositions may be well determined by chemical analysis, but it is necessary to distinguish them from a certain kind of defect structure, verified also by another experimental methods.

If in an oxide compound A_mO_n where a change of valency in an ion A is possible, e.g. A (III) to A (II) or A (IV), the part p of ions A is exchanged for heterovalent ions B, e.g. B (II) or B (IV), the following cases can be mentioned as resulting defect structures:

$$A^{3+}_{m-2p}B^{2+}_{p}A^{4+}_{p}O_n \qquad A^{3+}_{m-2p}B^{4+}_{p}A^{2+}_{p}O_n$$

In real compounds we usually do not meet such simple cases. As a result of substitution in the cation part we can find a substitution also in the anion part either oxygen vacancies or heterovalent anion substitution as described by the formulas:

$$A^{3+}_{m-r}B^{2+}_{r}O_{n-x}\frac{x}{2}(\square O) \qquad A^{3+}_{m-r}B^{2+}_{r}O_{n-\frac{x}{2}}X_{\frac{x}{2}}$$

In this paper we intend to show with real single crystals of oxide compounds as barium titanate and hematite some relations of oxygen nonstoichiometry and heterovalent substitutions to the methods of preparing of the samples.

2. Experimental

Used materials: Barium titanate single crystals were grown from potassium fluoride fluxes (REMEIKA). They were prepared either in a platinum crucible in air with the resulting composition:

$$Ba_{0,9987}K_{0,013}Ti_{0,99985}Fe_{0,00008}Pt_{0,00006}O_{2,9865}F_{0,013}$$

or in a graphite crucible in an indolent atmosphere within a crystallization range from 1060 to 950 °C and a resulting composition:

$$Ba_{0,9556}K_{0,044}Ti_{0,9902}Fe_{0,00008}Ti^{3+}_{0,0098}O_{2,9458}F_{0,0542}$$

Hematite single crystals prepared by chemical transport reaction at cca 850 °C either in a platinum aparatus with hydrogen fluorine atmosphere (HAUPTMANN, KOTRBOVÁ, NOVÁK) composition resulting in a:

$$Fe_{2-x}Fe_{x}O_{3-x}F_{x} \qquad x = 0,0248 \pm 0,0012$$

or in closed silica ampoules with hydrogen chlorine (COUFOVÁ, HAUPTMANN, ČERNÝ, NOVÁK) atmosphere with a resulting composition:

$$Fe_{2-x-y}Fe_{\frac{x}{2}+y}Si_{\frac{x}{2}}O_{3-y}Cl_{y} \qquad x = 0,0052 \quad y < 0,0018$$

All mentioned samples were subjected to a pyrohydrolysis at 900 °C or annealing at 250 °C in a closed ampulla with water (COUFOVÁ, NOVÁK, HLASIVCOVÁ) and additional annealed in oxygen or nitrogen atmosphere at temperatures about 1000 °C. After each experimental step samples were analyzed for their impurity content, their oxygen non-stoichiometry, and the quality of crystals was controlled by infrared spectra measurements. The obtained results are collected in Table 1.

3. Discussion

It can be seen from Table 1 that single crystals of hematite and barium titanate both include halogen ions as an impurity in oxygen sites in the case of hematite compensated by the presence of iron ions of lower valency. In crystals of hematite prepared in hydrogen chlorine atmosphere the content of ferrous ions surpasses the corresponding molar content of chlorine. From this we can conclude that crystals also contain Si (IV) ions. In the case of barium titanate the presence of fluorine is settled by K (I) ions in the cation part of the lattice in the sites of Ba (II) ions. By annealing both kinds of crystals in an oxygen atmosphere at temperatures up to 1000 °C no observable change in ferrous ions content was noticed in the case of hematite. In barium titanate crystals a peroxyde compound is formed as a consequence of the evaporation of a titanium halogen compound by temperatures higher than 600 °C. No oxydation of Ti (III) ions occurred at temperatures lower than 550 °C.

An exchange of halogen ion by hydroxyl can be effected by annealing the crystals either under pyrohydrolysis conditions at 900 °C or in closed ampoules with water at 250 °C. When then heating the crystals in dry argon a reaction between hydroxyl ions occurs, and as a result we obtain oxygen ions and oxygen vacancies in the anion places according to

$$2\,OH^{-} = O^{2-} + (\square O)$$

With hematite single crystals a valency change between ferrous and ferric ions is possible, and after annealing in water and then in an oxygen atmosphere we obtain samples without defect structure according to

$$Fe_{2-x}Fe_{x}O_{3-x}(OH)_{x} + \frac{x}{4}O_2 = Fe_2O_3 + \frac{x}{2}H_2O$$

Table 1

The heterovalent ion content and deviation from the oxygen stoichiometry for barium titanate and hematite

compound	ion	as prepared		after pyrohydrolysis		after pyrohydrolysis and annealing in O_2	
		I	II	I	II	I	II
$BaTiO_3$	K	0,73	0,21	0,73	0,21	0,74	0,19
	F	0,42	0,11	0,01	0,01	<0,01	<0,01
	ΔO	-0,032	0	-0,008	0	+0,31	+0,10
		III	IV	III	IV	III	IV
hematite	Fe^{2+}	0,52 1,20	0,83 0,91	0,50 1,23	0,04 0,22	0,45 1,12	0,02 0,17
	halogene	0,037 0,042	0,28 0,30	<0,01 < 0,01	0,01 0,07	<0,005 <0,005	<0,005
	Si	1,3 - 3,5 not repr.	0	-	0	(0,25) * (0,60) *	0
	Pt	0	<0,002	0	<0,002	0	<0,002

I prepared in a graphite crucible

II prepared in a Pt crucible in air

III prepared in HCl in a SiO_2 ampulla

IV prepared in HF in a Pt boat

* by calculation proposing the Si ion entered the host lattice

These crystals of hematite which contain Si ions in the lattice cannot be fully repaired by aditional annealing. On the other hand we can conclude that Si ions fill lattice sites when oxygen nonstoichiometry cannot be removed only by annealing finished crystals. Chemical analytical evidence of the mentioned defect structure cannot be given because of the great technical difficulties in acquiring a suitable sample. The same case is with barium titanate containing potassium ions in Ba sites. Oxygen nonstoichiometry cannot be fully removed. Barium titanate crystals prepared in a grphite crucible loose their violet colour for a yellow one when annealed in an oxygen atmosphere at temperatures up to 660 °C. It is evident that in this case valency change Ti (III)→ Ti (IV) acts rather easier.

We intended to show with two defect materials, hematite and barium titanate single crystals, both prepared by two different methods, the possibilities leading to improvement of oxygen nonstoichiometry of readymade samples by additional annealing under different experimental conditions. The mentioned conclusions are of common validity for oxide compounds, and it is tried to arrange them in the following scheme:

Figure 1

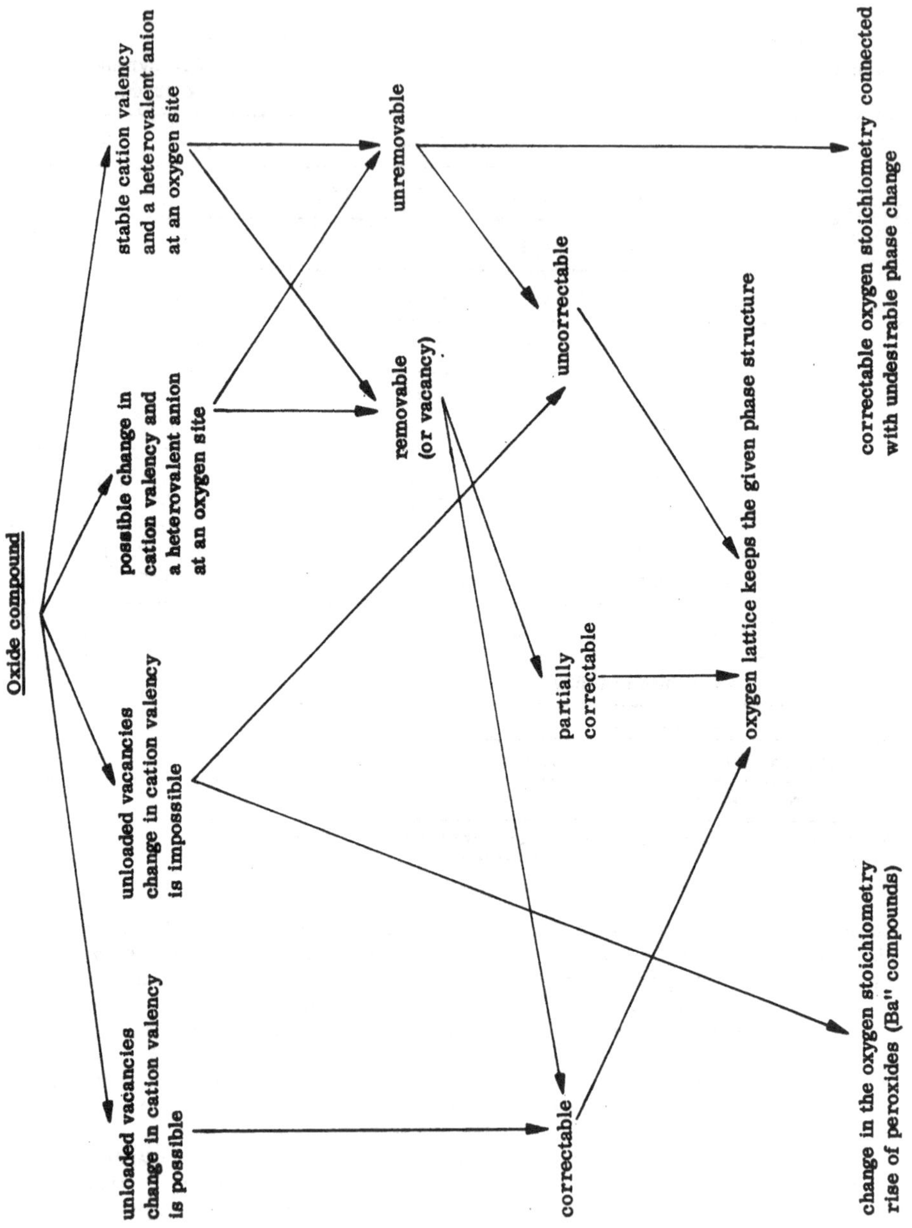

REFERENCES

COUFOVÁ, P., HAUPTMAN, Z., ČERNÝ, M., NOVÁK, J.: Conf.on Crystal Growth, Hrubá Skála 1968
COUFOVÁ, P., NOVÁK, J., HLASIVCOVÁ, N.: J.Chem.Physics 45, 3171 (1966)
HAUPTMAN, Z., KOTRBOVÁ, M., NOVÁK, J.: Proc.VII.Inter.Congr.and Symp. on Crystal Growth, Moscow 1966
NOVÁK, J.: Proceedings of The I. Conference on Glass Analyses, Hradec Králove 1968
NOVÁK, J., AREND, H.: Silikáty 8, 52 (1964)
REMEIKA, J.P.: J.Amer.Chem.Soc.76, 940 (1954)

(Received November 3, 1970)

Author's address:

Ing. Josef NOVÁK
Institute of Physics
Czechoslovak. Academy of Sciences
Prague 2
Vinicná ul. 7

Kristall und Technik	6	1	1971	K 11 - K 15

N. HLASIVCOVÁ, P. COUFOVÁ, J. NOVÁK

The Institute of Physics of the Czechoslovak Academy of Sciences, Prague

A Contribution to the Determination of the Deviation from the Oxygen Stoichiometry of Barium Titanate Single Crystals

1. Introduction

The quality of single crystals of oxide compounds can be judged from impurity contents as from the deviation from the oxygen stoichiometry. Magnitude of the latter is given either by the method of crystal growing or can be produced for example by annealing the crystals in an indolent gas atmosphere or in a hydrogen atmosphere. In the first case a dissociation of the solid takes place and oxygen is evaporated according to the following scheme:

$$R_mO_n \longrightarrow R_mO_{n-x} \cdot 2xe^- \cdot x(\square O) + \frac{x}{2}O_2 \qquad (1a)$$

In a hydrogen atmosphere in solids a reaction of hydrogen with oxygen occurs and water originates as given by the expression

$$R_mO_n + x\,H_2 \longrightarrow R_mO_{n-x} \cdot 2xe^- \cdot x(\square O) + x\,H_2O \qquad (1b)$$

As a result of oxygen nonstoichiometry crystals may be coloured and therefore different methods can be used for the determination of oxygen amount or deficit based either on chemical analytical methods or physical methods as measurements of optical, magnetic and other properties.

For practical purposes the oxygen nonstoichiometry ist usually ecpressed as oxygen amount or deficit in a solid or as a quantity of some element, changing over into another valency in the solid under investigation.

The mentioned changes are usually expressed as percentual quantities. Sometimes these data are expressed also in weight percent. So we can obtain very different figures from 100 p.p.m. to some percents.

It proved to be more useful to express the oxygen amount or deficit in mol% of oxygen. This value may be used for the prediction of crystalochemical properties of the examined material. The chemical analytical methods are given in more details by NOVÁK 1964, 1968).

When optical methods are used for determination of oxygen nonstoichiometry the oxygen deficit is usually expressed as the number of defects in 1 cm^3 of the crystal. There are several methodes for the calculation of the concentration of defects from measured optical absorption curves, one of the simplest methods is the calculation of the number of defects according to SMAKULAs formula.

In this paper we compare the number of defects calculated either from SMAKULAs formula using the measured optical absorption curve with those determined by chemical analytical methods from reduced barium titanate single crystals.

2. Experimental

Barium titanate single crystals were prepared by REMEIKAs Method in crystallizing them from potassium fluoride flux. Oxygen nonstoichiometry was effected by annealing the samples in a hydrogen atmosphere at temperatures 300 - 900 °C (see AREND, COUFOVÁ, NOVÁK; COUFOVÁ; COUFOVÁ, NOVÁK, VEPŘEK). Crystals were analysed according to NOVÁK, AREND in determining the oxygen content. Optical absorption spectra were taken from annealed samples in the visible and infrared region by the spectrographs UM-2 and IKS-14, both of Sovietic production.

On Figure 1 and 2 absorption spectra are shown for reduced (curve 1) and unreduced (curve 2) barium titanate single crystals in the visible (Fig. 1) and infrared (Fig. 2) region. It is obvious that reduced crystals produce three absorption peaks at 0,48, 0,64 and 4 µm. The same crystals were chemically analysed and the data on the ogygen nonstoichiometry obtained by both methods mentioned above were compared.

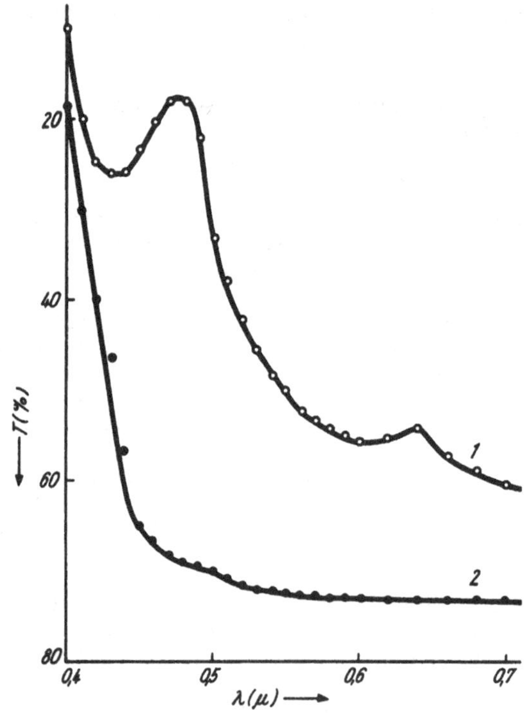

Fig. 1. Optical absorption spectra of $BaTiO_3$ single crystals in the visible region:
curve 1 - reduced sample, H_2, 900 °C, 2 min;
curve 2 - original sample

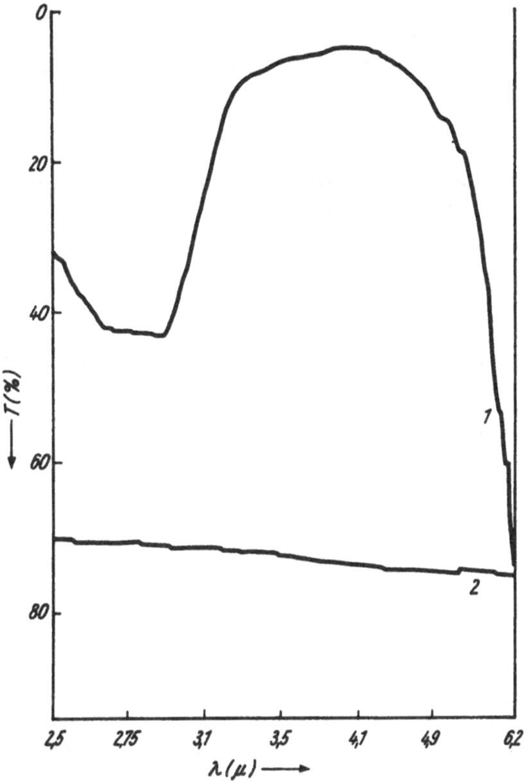

Fig. 2. Optical absorption spectra of $BaTiO_3$ single crystals in the infrared region:
curve 1 - reduced sample, H_2, 900 °C, 2 min;
curve 2 - original sample

3. Diskussion

When barium titanate is annealed in a reducing atmosphere a chemical reaction in the solid goes on as follows:

$$BaTiO_3 + x\,H_2 \longrightarrow BaTiO_{3-x} \cdot 2xe^- \cdot x\,(\square O) + x\,H_2O. \qquad (2)$$

In our disscussion we are interested in the number $2xe^-$ of electrons released in the sample.

The number of these electrons being under the above cited conditions a possible measure of oxygen nonstoichiometry can be calculated from the chemical analysis data by formula:

$$N_o = \frac{[\%\ \text{weight R}] \cdot n_v \cdot A \cdot Q}{M_R \cdot 1000} \qquad (3a)$$

with N_o - number of defects in 1 cm^3 (1 electron corresponds to 1 defect)
R - that element of the compound to which the calculation of oxygen nonstoichiometry is related
n_v - number of electrons determining the chemical equivalent of R
A - Avogadro's number $6,02 \cdot 10^{23}$
ϱ - density of the tested material in g per cm^3
M_R - the atomic or molecular weihgt of R.

The number of defects in 1 cm^3 caused by annealing $BaTiO_3$ in hydrogen atmosphere was calculated also on the basis of the optical data according to SMAKULAs formula modified for $BaTiO_3$:

$$N_o = 5 \cdot 10^{16} \frac{4E_1 + W}{2E_1 + W} \cdot k_m \cdot W \qquad (3b)$$

with N_o - number of defects in 1 cm^3 (1 electron corresponds to 1 defect)
E_1 - position of the peak (in eV)
W - the half-width of the peak (in eV)
k_m - value of absorption coeficient of the peak (in cm^{-1}).

The values of N_o obtained by both methods are comparable as shown in Table 1.

Table 1

Number of free electrons in 1 cm^3 $BaTiO_3$ after reduction (annealing in hydrogen for 15 min at different temperatures)

anneal. H_2, 15, (°C)	300	400	500	600	700	800	900
ΣN_o optical (cm^{-3})	$1.08 \cdot 10^{17}$	$1.25 \cdot 10^{17}$	$1.73 \cdot 10^{17}$	$1.87 \cdot 10^{17}$	$3.28 \cdot 10^{17}$	$1.03 \cdot 10^{18}$	$0.89 \cdot 10^{19}$
N_o chemical (cm^{-3})	$2.78 \cdot 10^{17}$	$3.68 \cdot 10^{17}$	$5.52 \cdot 10^{17}$	$6.44 \cdot 10^{17}$	$8.74 \cdot 10^{17}$	$4.14 \cdot 10^{18}$	$1.26 \cdot 10^{19}$

We should like to mention that with the chemical method it is possible to determine the sum of all electrontype defects present in the solid. The necessary condition for obtaining correct results is to prevent the recombination of electrons and holes during the chemical analytical process. Optical method is selective, we can determine the proportion of different defects. It can be used for quantitive results only in the case we know the whole number of peaks related to electrontype defects, and we have one certain point of the sum of electrons. Sensibility of the optical methods is essentially higher than that of the chemical one, and so we are able to comprehend quite a big region of several orders in the determined number of defects in 1 cm^3 by the combination of these two methods.

REFERENCES

AŘEND, H., COUFOVÁ, P., NOVÁK, J.: J.Am.Ceram.Soc. 50, 22 (1967)
COUFOVÁ, P.: Czech.J.Physics 18, 1038 (1968)
COUFOVÁ, P., NOVÁK, J., VEPŘEK, S.: Czech.J.Physics 19, 72 (1969)
NOVÁK, J.: Silikaty 8, 59 (1964)
NOVÁK, J.: Proceedings of the I. Conference on Glass-analyses, Hradec Králové 1968

NOVÁK, J., AREND, H.: J.Am.Ceram.Soc. 47, 530 (1964)
REMEIKA, J.P.: J.Am.Chem.Soc. 76, 940 (1954)
SMAKULA, A.: Z.Physik 59, 603 (1930)

(Received November 3, 1970)

Authors' address:

N. HLASIVCOVÁ
P. COUFOVÁ
J. NOVÁK
Institute of Physics Czechoslovak. Academy of Sciences
Prague 2
Vinicná ul. 7

Kristall und Technik

Zeitschrift für experimentelle und technische Kristallographie

Herausgegeben von
W. KLEBER, Berlin und H. NEELS, Leipzig

Erscheinungsweise jeden 2. Monat mit einem Umfang von 160 Seiten im Format 16,7 × 24 cm, mit Abbildungen, Bezugspreis 20.–M.

BEITRÄGE DES ZWEITEN HEFTES 1971

Originalbeiträge

Fortsetzungsbestellungen durch eine Buchhandlung erbeten

AKADEMIE-VERLAG · BERLIN

32 237